Fukushima in World News

On and after March 11, 2011

世界が見た 4
福島原発災害

――アウト・オブ・コントロール――

大沼安史 著

緑風出版

終わらせないためのプロローグ　9

第1章　東京オリンピック　44

第7章　フクシマ・ファシズム

終わらせないためのプロローグ

消された「放射能」

新年、二〇一五年が明けた。平成二十七年の元日、宮内庁ホームページに「天皇陛下のご感想（新年に当たり）[注1]」が掲載された。陛下はそこで何を語っていたか？　全文を引用する（太字強調は大沼、以下同じ）。

昨年は大雪や大雨、さらに御嶽山の噴火による災害で多くの人命が失われ、家族や住む家をなくした人々の気持ちを察しています。

注1　「天皇陛下のご感想（新年に当たり）」
→ http://www.kunaicho.go.jp/okotoba/01/gokanso/shinnen-h27.html

また、東日本大震災からは四度目の冬になり、**放射能汚染**により、かつて住んだ土地に戻れずにいる人々や仮設住宅で厳しい冬を過ごす人々もいまだ多いことも案じられます。昨今の状況を思う時、それぞれの地域で人々が防災に関心を寄せ、地域を守っていくことが、いかに重要かということを感じています。

本年は終戦から七十年という節目の年に当たります。多くの人々が亡くなった戦争でした。各戦場で亡くなった人々、広島、長崎の原爆、東京を始めとする各都市の爆撃などにより亡くなった人々の数は誠に多いものでした。この機会に、満州事変に始まるこの戦争の歴史を十分に学び、今後の日本のあり方を考えていくことが、今、極めて大切なことだと思っています。

この一年が、我が国の人々、そして世界の人々にとり、幸せな年となることを心より祈ります。

陛下は平成二十七年（二〇一五年）の新春にあたって「放射能汚染」に言及され、被曝者に寄り添うお言葉を述べられた。終戦七十年、ヒロシマ、ナガサキの原爆にもふれられ、歴史に学び、今後の日本のあり方を考えることの重要性をご指摘になった。

陛下の年頭の「ご感想」で、「**放射能汚染**」が語られるのは、実はこれで四年連続。

初めてふれられた平成二十四年（二〇一二年）年初のご感想（注2）はより明確で、「原発事故によってもたらされた放射能汚染」との表現で、「フクイチ核惨事」による被曝受難について話されていた。

それではこの陛下のお言葉を、国民の大多数が視聴するNHKは、どう伝えたか？

二〇一五年元日のNHKは、「天皇陛下 文書で新年の感想」と題し、以下のように全国ニュースで報道（注3）したのである。

> 天皇陛下は、新年にあたって文書で感想を表されました。
> 天皇陛下は、はじめに、「昨年は大雪や大雨、さらに御嶽山の噴火による災害で多くの人命が失われ、家族や住む家をなくした人々の気持ちを察しています」と記されました。
> 続いて東日本大震災の被災者を案じる気持ちも表したうえで、「昨今の状況を思う時、それぞれの地域で人々が防災に関心を寄せ、地域を守っていくことが、いかに重要かとい

注2　平成二十四年の「ご感想」
→http://www.kunaicho.go.jp/okotoba/01/gokanso/shinnen-h24.html

注3　NHK、「天皇陛下 文書で新年の感想」
→http://www3.nhk.or.jp/news/html/20150101/k10014381921000.html

うことを感じています」と述べられました。（以下略）

宮内庁が発表した「全文」と比べれば、一目瞭然。

また、東日本大震災からは四度目の冬になり、放射能汚染により、かつて住んだ土地に戻れずにいる人々や仮設住宅で厳しい冬を過ごす人々もいまだ多いことも案じられますの、ワンセンテンスがすっぽり抜け落ちているのだ。これはいったい、どうしたわけか。

ＮＨＫの「全国ニュース」で、「フクイチ核惨事」に関する陛下のご発言が編集段階でカットされる事態は、たとえば二〇一二年三月十一日、東京の国立劇場で行なわれた「東日本大震災・追悼式典」の際も起きている。

ＮＨＫはさすがに式典の生中継では、あの「東電テレビ会議」のようにピー音を入れるなどカットの手を入れなかったが、「全国ニュース」の放送では、以下の部分をカットして報道したのである。

原子力発電所の事故が発生したことにより、危険な区域に住む人々は住み慣れた、そして生活の場としていた地域から離れざるを得なくなりました。再びそこに安全に住むため

には放射能の問題を克服しなければならないという困難な問題が起こっています。

陛下は震災一周年にあたり、原発事故とその危険、放射能の問題を真正面から取り上げ、語っていたのだ。

フリージャーナリストの田中龍作さんによると、NHKだけでなく「民放もこの部分を省いた」。この国の統合の「象徴」である陛下のお言葉を、NHKをはじめとするマスコミは編集段階でカットした。(注4)

ローマ法王の言葉

ここに「フクイチ核惨事」後の日本の情報統制の「象徴」を見る人も多かろうが、田中龍作

注4　新聞も「放射能汚染」のご発言を省略して報道した。
朝日新聞（電子版）、「天皇陛下が年頭の感想『歴史を学ぶことが大切』」
→http://www.asahi.com/articles/ASGDY5Q85GDYUTIL01D.html
……また、東日本大震災から四度目の冬になるとして、「かつて住んだ土地に戻れずにいる人々や仮設住宅で厳しい冬を過ごす人々もいまだ多いことも案じられます」と思いやった。……
産経新聞（同）、「天皇陛下、新年迎えご感想」
→http://headlines.yahoo.co.jp/hl?a=20150101-00000035-san-soci
……陛下はご感想で、昨年の御嶽山噴火や大雨、大雪などでの被災者、四度目の冬を迎える東日本大震災の被災者らを案じられた。……

さんはこの問題を、前年、二〇一一年六月、ローマ法王〔ベネディクト一六世〕が原発の是非を問うイタリアの国民投票の直前に語った「脱原発発言」と重ね合わせ、こう解説している。

……法王は「人類に危険を及ぼさないエネルギーを開発することが政治の役割だ」と述べ、自然エネルギーへの転換を促したのである。

筆者〔田中龍作さん〕はバチカン市内で土産物品店の経営者などにインタビューした。市民はみな冷静に受け止めていた。「法王はもともと原発推進派だったが、福島原発の事故を受けて脱原発にスタンスを変えた」というのが市民の一致した見方だった。法王にとっても原発事故はそれほど衝撃的だったのだ。

法王の「脱原発発言」から三日後に原発の是非を問う国民投票が行われ、「原発反対」が多数を占める結果となった。国民の九割がカトリック教徒のイタリアで法王の「脱原発発言」が国民に与えた影響は小さくなかった。

日本人にとって天皇陛下のお言葉は、ローマ法王の「脱原発発言」に勝るとも劣らぬインパクトがある。テレビ局はそれを知っていたからこそカットした。

田中龍作さんは二〇一一年六月、原発の是非を問うイタリアの国民投票[注5]を現場で取材した。その街角での取材結果からもわかることは——〔あまりにも当然のことだが〕当時のローマ法王、ベネディクト一六世の発言を現地の人々は皆、知っていた、ということだ。つまり発言はカットされずに、伝わっていたということである。

それでは法王、ベネディクト一六世は国民投票を前にした同年六月九日に、どんなご発言をしていたのか？　田中龍作さんの上記記事のなかで紹介した発言のエッセンス、「人類に危険を及ぼさないエネルギーを開発することが政治の役割だ」に少し補足すると、法王は、三カ月前に起きたフクシマでの原発事故を念頭に語っていたのだ。

米国のカトリック新聞、『ナショナル・カトリック・レジスター（*National Catholic Register*）』は、こう報じている。(注6)

……ローマ法王は三月に日本で起きた地震が福島第一原発からの放射能漏洩の引き金をひいたことに言及し、「ことしの前半は、自然やテクノロジー、そして人々に影響を及ぼ

注5　原発再開の是非を問うイタリアの国民投票は「フクイチ核惨事」三カ月後の二〇一一年六月十二、十三の両日、行なわれた。投票率は五七％で成立条件の五〇％を上回り、原発凍結賛成票は九〇％を超える結果となった。これにより、政府の再開計画は阻まれ、ベルルスコーニ首相は「イタリアは原発にさよならを言わねばならない」と敗北宣言を行なった。

注6　『ナショナル・カトリック・レジスター』（電子版）、「法王は『緑の革命に向かいなさい』と言っている（*Pope Benedict Says to 'Go Green'*）」（二〇一一年六月十日付）
→ http://www.ncregister.com/daily-news/pope-benedict-says-to-go-green

す多くの悲劇によって際立つものになりました」と語った。

同時に法王は、「神が自然の守り手として信任してくださったわたしたち人間は、テクノロジーによって支配されたり、テクノロジーのしもべになることはできないのです」と警告。

さらに、こうした自覚はすべての国々を「この惑星〔地球〕の短期的な未来とわたしたちの生活とテクノロジーに関する〔国家の〕責任への省察へと導くものでなければなりません」と指摘し、「人間のエコロジーは絶対命令です（Human ecology is an imperative.）」と語った。……


ベネディクト一六世は、人間が環境を守り抜く人間のエコロジーが、「フクイチ核惨事」後、いまや絶対命令である、とまで言い切っていたのだ。

これを日本のマスコミが報じなかったのは残念なことだが、「**放射能の問題を克服しなければならないという困難な問題**」に言及された天皇陛下のお言葉を「全国ニュース」でカットするとは、日本の公共報道機関として、その責務、絶対命令に反することと言わねばならない。

それにしても、陛下のお言葉まで平気（？）で編集カットする、わたしたちの国の「報道」の在り方は、この国の「権力」のほんとうの所在を、そしてまた何がこの国の国民の意識を「アンダー・コントロール」下に置いているかを明らかにして、余りあるものではないか。

二〇一二年の園遊会でのご発言でも、こんなことがあった。

在米邦人が英語力を駆使し、日本の状況を世界に発信し続けている『ＥＸ－ＳＫＦ』ブログ（注7）によると、同年四月十九日の園遊会で、陛下は村井宮城県知事に対し、〔焼却処理の津波〕ガレキには「危険なものも含まれているんでしょうね。アスベストとか」「十分に気を付けて処理をされるよう願っています」と語った。

日本の在京マスコミの中で、孤軍奮闘に近い状態で原発報道を続ける「東京新聞」は、そう報じた。

これに対して日経新聞（注8）は、

> 陛下は村井知事に「がれきの方はどうですか」と尋ねられ、知事は「全国から受け入れていいという温かい声をいただいており、早く処理できるよう努力したいと思います」と応じた。

注7　『ＥＸ－ＳＫＦ』、「日本の天皇は災害瓦礫を語り、それをメディアが編集（*Japan's Emperor Speaks About Disaster Debris, And the Media Edits*）」
→http://ex-skf.blogspot.jp/2012/04/japans-emperor-speaks-about-disaster.html

注8　日経新聞（電子版）、「春の園遊会、二年ぶり開催　両陛下、古川飛行士らと歓談」
→http://www.nikkei.com/article/DGXNASDG19020_Z10C12A4CR8000/?av=ALL

と報じた。

「危険なものも含まれているんでしょうね」を含まない報じ方だった。

情報アンダー・コントロールに抗して

かくして――陛下のお言葉さえ編集されるかたちで、この国の情報コントロールはさらに進んだ。日本国民の一般的な意識レベルにおいて「フクイチ核惨事」はすでに終わり、危機の進行を告げる情報は統制・制御され、大衆意識から隔離されて、忘却や無知の地層に処分され続けた。

マグマ化した溶融核燃料はチャイナ・シンドローム化して地中に姿を隠し、核の水地獄から流出した放射能汚染水は、太平洋を死の海と化しつつあるのに――そしてまたほんとうのところは制御不能、「アウト・オブ・コントロール」下にあるのに、かくして史上空前の「フクイチ核惨事」は、日本の国民意識レベルにおいて、ほぼ完璧に「アンダー・コントロール」されたものになり、稀に国内メディアが「真実」を伝えても、国民意識に広がり定着する前に、封印・希釈・変造のダメージ・コントロールが素早く施される日々が続いた。

「アンダー・コントロール」下の「アウト・オブ・コントロール」。

本書、『世界が見た福島原発災害』第四巻がカバーする二〇一二年春以降の情況を特徴づけるものは、国民意識に対する情報コントロールのさらなる強化である。批判や告発が封じられ、フクイチにおける連続核爆発とトリプル・メルトダウンによって一気に吹っ飛んだ「安全神話」に代わって、国民意識に「安心神話」が吹き込まれるプロセスである。

しかしながら本書、第四巻が書き進めるものは、そうした「アンダー・コントロール」下における沈黙の記録ではない。国内外、とりわけ海外のメディアが報じた「新事実」を記録として残し、抵抗の足場に積み上げるのが、本書の目的である。「フクイチ核惨事」をめぐる、知られざるニュースや漏れ出した情報を集積し、真相に迫ろうとするのが、本書の意図である。

「ヨウ素剤配布」の幻

それでは「フクイチ核惨事」に関し、どんな情報が国際社会に漏れ出していたか？

これは二〇一四年三月初め、わたし（大沼）が、公開された米国のＮＲＣ（原子力規制委員会）の「フクイチ会議・録音ファイル（**Japan's Fukushima Daiichi Audio File**）」で確認したもの[注9]だが、その「二日目（Ｄａｙ２）」の部分[注10]に、ＮＲＣスタッフによる、こんな録音記録が残されていた。

注9 筆者・大沼のブログ（二〇一四年三月十二日付）
→http://onuma.cocolog-nifty.com/blog1/2014/03/post-d084.html

注10 ＮＲＣ・会議録音ファイル・二日目（引用箇所は五五、五六頁に）
→http://pbadupws.nrc.gov/docs/ML1403/ML14038A065.pdf

われわれが聞いている最新情報は、安定ヨウ素剤の配布計画ができている、ということだね。

And the last we heard, iodine was planned to be distributed.

つまり、米政府（ＮＲＣ）には事故二日目、二〇一一年三月十二日（ただし米国東部時間）時点で、日本政府が安定ヨウ素剤配布の計画を立て終わっている、との情報が入っていたわけだ。そして「録音ファイル」は、それから間もなく、次の「発言」を記録している。

いま、ニュースが入って来た。ロイター通信からだ。こう伝えているそうだ。読み上げるよ。「日本の当局はＩＡＥＡに対して、安定ヨウ素剤の配布準備を続けていると報告を行なっている」。

We're getting this, actually, from Reuters, who's reporting that -- the quote is, "Japanese authorities have told the IAEA that they are making preparations to distribute iodine."

ＮＲＣのスタッフのところへ届いたロイター通信のウィーン発特電（注11）は、米国東部時間で同十二日午前八時五十三分に発信されたもの。

スタッフが読み上げたのは、このロイター電のリードの一部で、それも、途中まで。

そこで、ロイター電の原文にあたり、関係個所の全文を見ることにしよう。最初は、リードの全文。

Japanese authorities have told the U.N.'s atomic watchdog they are making preparations to distribute iodine **to people living near nuclear power plants affected by Friday's earthquake,** the Vienna-based agency said.

ロイター電はつまり、日本政府が「原子力発電所（複数）の近くに住む人々」に対して安定ヨウ素剤を配る準備を進めているとＩＡＥＡに対して、すでに報告済みであることを報じたの

注11　ロイター、「日本は原発近くで安定ヨウ素剤を手渡すかも知れない：ＩＡＥＡ（*Japan may hand out iodine near nuclear plants: IAEA*）」
→ http://www.reuters.com/article/2011/03/12/us-quake-japan-iaea-iodine-idUSTRE72B1T720110312
　日本のマスコミも、大手の報道機関ならどこもロイター電の配信を受けているから、ＮＨＫや在京民放も恐らく、このウィーン発特電でいよいよ安定ヨウ素剤が住民に手渡されることになった、とわかったはずである。

である。

ここで「複数の原発」の近隣住民に対し、と書かれているのは、「フクイチ」だけでなく、「フクニ（Fukushima Daini nuclear power plant）」の近くの住民にも安定ヨウ素剤を配布すると日本政府は報告していたからだ。

これはロイター電の記事本文を読めば確認できる。日本政府は「フクイチ」と「フクニ」の「両方（both）」と報告していたのだ。

「さすが日本政府！」

さて、もういちどNRCの録音ファイルに戻ると、ロイター電で安定ヨウ素剤配布がすでに準備段階に入ったと知ったNRCのスタッフたちは、ここでほっと胸を撫で下ろす。さすが、日本政府、やらなくちゃならないこと、ちゃんとやっているじゃないか、と。

以下は、あるNRCスタッフの発言。(注12)

日本の連中はこういう緊急時の計画づくりがとてもうまいんだよ。何だってちゃんとやる。だから、コレだってちゃんとしているんだ。こういうことをちゃんと考えていたってことだ。間違いないね。非常時に備え、ちゃんと訓練をしている。アメリカのわれわれのようにね。だから、思うんだ。彼らのプログラムはとてもいい。

The Japanese are very good at emergency planning so, whatever it is that they do, they I'm sure they have this, they have thought about this. They do practice emergency preparedness exercises, much like we do in this country. So I think their programs are pretty good.

もはや、これ以上の説明は不要である。

さすが日本政府、非常事態への備えはできており、安定ヨウ素剤を手渡し配布する実行準備段階まで進んだ——はずなのに………そこでなぜか止まってしまったのだ。配布プログラムは中断され、結局のところ、ほとんどの住民が安定ヨウ素剤を服用せず、甲状腺無防備状態で風下での呼吸被曝を強いられる結果となったわけだ。

つまり、せっかく動き出した安定ヨウ素剤配布プロセスに途中で「待った」がかかっていた！　そういう重大な新事実（少なくとも新たな疑惑）が、浮かび上がったわけである。

待ったをかけた理由は何か？　どこの誰の、どういう判断で配布中止を決めたのか？

小児甲状腺癌が問題になっている現在、これは刑事事件として強制捜査をしてでも解明しなければならない大問題であろう。

注12　上記、NRC・会議録音ファイル・二日目、五七頁。

外国大使館には配布を許可

甲状腺を守る安定ヨウ素剤ではもうひとつ、こういうことも明るみに出た。テンプル大学ジャパンのカイル・クリーブランド（Kyle Cleveland）准教授が、東京の外国大使館関係者らにインタビューしてまとめた。二〇一四年二月に発表した論文（注13）の中でこう指摘している。

安定ヨウ素剤の配布は、日本では規制された薬剤であることから、取り組むのが難しい問題だった。しかし、〔フクイチ核惨事〕危機下の需要があったことから、日本政府は規制を解除し、外国大使館が安定ヨウ素剤を自国市民に配ることを許可した。

The distribution of Potassium Iodide（K1）was a difficult issue to address, because it is a restricted substance in Japan, but given the demands of the crisis, the Japanese government waived this restriction and allowed foreign embassies to distribute K1 to their citizens.

安定ヨウ素剤は「処方箋医薬」であるため、薬事法上、医師が患者を診察して処方箋を作成し、薬剤師が調剤したあとに患者に配布する決まりになっている。

この規制を解除したというのだ。在日外国人に対しては。医師が診察し薬剤師が調剤といった手続きを省くことを、日本政府は例外的に認めていたのである。

その結果、外国人は安定ヨウ素剤を超法規的に服用できた。(注14)

それにしても日本政府は外国人に対しては許したのに、被曝が予想される地域の日本国民に対し、どうして超法規的措置を取らなかったか？　それは誰の判断だったのか？

空母の甲板に乗せて

この論文でカイル・クリーブランド准教授は、こんな驚くべき事実も明らかにしている。「フクイチ核惨事」が進行するなか、米国の東京大使館が、在日米国人を空母の甲板に乗せ、日本を脱出する計画づくりに着手していたというのだ。

注13　「核に纏わる疑念を動員　福島原発危機と不確実性の政治学（*Mobilizing Nuclear Bias: The Fukushima Nuclear Crisis and the Politics of Uncertainty*）」（*The Asia-Pacific Journal*　二〇一四年二月十七日付）
→http://www.japanfocus.org/-Kyle-Cleveland/4075

注14　カイル・クリーブランド論文によると、米国は二〇一一年三月二十一日、米軍支援の自国民国外脱出支援を開始するとともに、フクイチの半径三二〇キロ圏にいる米国人に安定ヨウ素剤の服用を勧奨、欧州連合（ＥＵ）加盟各国も大使館を西日本に移すなどするとともに自国民の脱出も支援、安定ヨウ素剤を在住自国民に配布している。

フクイチの使用済み核燃プールが原子炉の五～六倍の放射能を蓄えており、それが放出されていれば、チェルノブイリと比べても桁違いの核惨事となることから……東京の米国大使館では、在日米国人数千人を米空母の甲板に乗せ、日本を脱出する計画策定が始まっていた。

……in the U.S. embassy, planning began to put thousands of Americans on the decks of the aircraft carriers to get them out immediately.

しかし、この程度のことでわたしたちは驚いてはいけないのだ。政府というものの最大の義務は自国民を守ることだから、米政府の出先である東京大使館は実に当然の任務を果たしたまでのことである。

さて、東京の米国大使館が出たところで、これまでに明らかになった同大使館をめぐる新事実を、いくつか記録に残すことにしよう。

東北自動車道の無制限開放を要求

まずは、情報開示された米NRC・オペレーションセンターの内部文書によると、NRCのPMT〔保護管理チーム〕が、閉鎖された東北自動車道を米国人向けに無制限に開放させるなど、仙台―東京間の道路・列車による脱出ルートを確保する〔日本政府向け〕文書を起草、国務省にあげた事実が記されている。(注15)

「3・11」を仙台で経験したわたし〔大沼〕は、宮城県内などに在住の米国人〔日本人妻を含む〕たちが同年三月十八日、宮城県庁付近の勾当台《こうとうだい》公園前からバスで脱出し、成田から出発したことは知っていたが、これがワシントンの米国務省発の外交ルートで行なわれたことだとは、このNRC内部文書を見るまで知らなかった。

日本政府はこのように米国民に対しては、閉鎖していた東北自動車道路を特別に開け、国外脱出の便宜供与をしていたのである。

なぜ、米政府が無理やり、東北自動車道をこじ開けたかは、もはや言うまでもないことだが、二〇一一年四月八日時点で、ワシントンの米政府内で交わされた、米海軍原子力推進機関部

注15　米NRC内部文書（三頁を参照）
→http://pbadupws.nrc.gov/docs/ML1401/ML14014A313.pdf
そこにこう記載されている。
The PMT has drafted a paragraph to be approved and provided to DOS to clear the freeway and train routes from Tokyo to Sendai for unlimited US citizen travel.

注16　この米政府部内メールは、米国の市民団体、「エンフォーマブル（*Enformable*）」が確認したもののうちの一通（最下部に収録）。
→http://ja.scribd.com/doc/86330778/Low-Level-Waste-Telecon-April-7th-2011-Pages-From-C141839-02DX-2

（Naval Reactors）担当者発の部内メール[注16]には、以下のように記されている。

日本の原発事故により、首都圏の東京を含む、北日本の全域が広範に放射能汚染される結果となった。これら全域における表土の放射能汚染レベルは、これがもしも米国の認可施設あるいはエネルギー省の施設でのことであれば、「放射能汚染区域」として告示されねばならないものであろう。日本から持ち出されるどんなものも、低レベル放射性汚染物である可能性がある。

The nuclear accident in Japan has resulted in widespread deposition of radioactive contamination throughout the northern part of Japan, including the metropolitan Tokyo area. Surface contamination levels in this entire region would be required to be posted as radiological area if they were at a U.S. licensed facility or DOE site. Any materials leaving Japan have the potential for low levels of radioactive contamination.

米政府部内の、少なくともこの時点での認識では、「北日本の全域」は米国基準の「放射能汚染区域」にあたる汚染地帯だったわけである。そこから自国民を脱出させるのは、米政府として当然のことだった。

それにしても、「日本から持ち出されるどんなものも、低レベル放射性汚染物である可能性がある」とは……。

米ＣＤＤ、非常時作戦センターを立ち上げ

この関連で言えば、フクイチ事故当時、日本から米国に到着した乗客や貨物に対してスクリーニング検査を実施し、一部の人やモノで放射能汚染が確認されていたことも明らかにされている。

二〇一二年三月十二、十三の両日、ワシントン近郊のベセスダで開かれた米国放射線防護・測定評議会（ＮＣＲＰ）の年次総会で、米国疾病予防管理センター（ＣＤＤ）の担当部門責任者、チャールズ・ミラー氏が報告して、明らかにした。(注17)

ミラー氏はまた、フクイチ事故の際、ＣＤＤ史上初めて、放射能被曝対策で「ＥＯＣ（非常時作戦センター）」が立ち上げられたことも明らかにした。その活動は、二〇〇九年の豚インフルエンザ危機を上回るものだったという。

同氏はさらに、感染症対策でとられる「患者」の「隔離」が「被曝者」に対してはできない

注17　二〇一二年のＮＣＲＰ総会　プレゼン資料（三頁目）を参照。
→http://pbadupws.nrc.gov/docs/ML1208/ML120820385.pd
該当原文は以下の通り。
Cargo and passengers from Japan headed to the U.S. were screened, and there were contaminated passengers（and cargo）.

難しさについてもプレゼンの場で問題を提起したようだが、「フクイチ核惨事」はそれほどまで、原発事故の恐ろしさを見せつけるものだったわけだ。

事故当時、東京の在日米大使館は日本政府の対応をどう見ていたか？

その本音の胸の内は、情報公開されたNRCの「フクイチ会議・録音ファイル」の「第五日（Day5）」、すなわち二〇一一年三月十五日（米東部時間）の記録で明らかである。そこには、こんなNRCスタッフの〔東京からの電話での〕発言が記録されている。

……大使の部屋にいたときに、大使は日本政府の相手に対して怒鳴りまくったんだよ。ここにいる連中〔NRCの派遣チーム〕を〔東電本社に〕貼り付けろ、この連中なしじゃ、どうにもならないじゃないか、ってね。それで明日、東電に、われわれを貼りつける計画で行こう、ということになったんだ。

……I was in the office of the Ambassador and he was just yelling at his counterpart, like I want those guys embedded now, and just getting nowhere with them, and the plan tomorrow is going to try to embed us in Tokyo Electric Power.

当時のルース大使は、怒鳴りまくっていた（just yelling）のだ。日本政府の煮え切らない態度に、よほどの怒りを覚えたからだろう。

東電から米大使館にSOSコール

そんな米国大使館に、東電からSOSの電話が入ったこともあった。二〇一一年三月十五日午前九時三十八分「4号機で火災発生」――その直後、「東電のカタノ（Katano）氏」から大使館に直接、SOSコールが入った。その内容を、大使館員（上級防衛アタッシェ）が在日米軍司令部あて、以下の緊急メール（注18）で報告していた。

たったいま東電のミスター・カタノから電話が入りました。（Just received call from Mr Katano from Tokyo Power & Electric :）

・フクシマ4号機、ただいま炎上中（- Unit 4 Fukushima now has fire on site）
・消火支援を要請（- Request help to extinguish）
・核燃料あるいは油が燃えている（- Nuclear Fuel / Oil on fire）

注18　この緊急メールも米国の市民団体、「エンフォーマブル」が確認した。
→http://ja.scribd.com/doc/19213l259/March-14th-2011-TEPCO-Requests-US-Embassy-Help-Extinguish-Fire-at-Unit-4-Pages-From-C146301-02X-Group-DK-18

・消火のため消防車による支援を要請（- Request assistance with firetrucks to extinguish fire）
・同様にヘリコプターによる支援を要請（- Request assistance with helicopters as well）
・消火活動に水あるいはボロンあるいはボロン酸が要る（- Extinguish requires water / boron / boron acid）
・東電側は消火支援に駆け付けた米軍のため安全エリアをつくる（- They will designate safe area for responders）

東電は4号機の火災に際し、日本政府の頭越しに米大使館を通じて米側にSOSを発していたのだ。

米軍の消防車を出してくれ、ヘリを出してくれ、水もボロンもボロン酸もほしい……。たぶん東電は、それだけ切羽詰まったところに追い込まれていたのだ。日本の政府に言っても、まともに動いてくれないので、やむをえず、米大使館に直接、電話をかけたのではないか。しかし、それにしても米国大使館にSOSの電話を入れるなんて——。このとき、東電は4号機プールがいまにも核爆発を起こしかねないと認識していたのではないか？

筋論を言うなら、東電の社員が（消防や警察、あるいは監督官庁の経産省や首相官邸の頭越しに）直接、SOSを出すにしても、本来なら日本の防衛省（自衛隊）に、であろう。日本には自衛隊がいるのだ。それなのに、どうして米大使館を通じ、米軍の出動を求めたか？
その疑問を解き明かすメール記録が、米ＮＲＣの公開資料のなかに含まれているので(注19)、それを見ることにしよう。

米軍へ７項目の支援要請メール

それは、日本の防衛省・自衛隊統合幕僚監部（MINISTRY OF DEFENSE JOINT STAFF JAPAN）のヒロナカ・マサユキ（廣中雅之）運用部長が二〇一一年三月二十四日付で米空軍横田基地司令あてに発した「メモランダム・メール（MEMORANDUM FOR Commander, United States Forces, Yokota AB）」。

「日本に対する米軍の支援要請（Request for U.S. Military Support To JAPAN）」と題された「覚書メール」は全七項目。

第一項で、「日本政府および日本の自衛隊統合幕僚監部は、福島第一原発の状況を速やかに、かつ効果的に安定化するため、以下のアイテム（装備品）について軍事支援を要請する」と述べたあと、

第二項で、「放射能コントロール（Radiological Controls）」「原子炉安定化（Reactor Plant

注19　このＮＲＣの資料もまた、「エンフォーマブル」が確認した。（「覚書メール」は二〇二頁を参照）
→ http://pbadupws.nrc.gov/docs/ML1401/ML14015A439.pdf

Stabilization）」「アメリカ太平洋軍・科学&テクノロジー班活動（USPACOM S&T Cell Actions）」の三つのカテゴリー（分野）での支援を要請。

第三項では、「放射能コントロール」カテゴリーでの支援について、「放射線防護服とその他の防護品（anti-contamination clothing and materials）」「放射能検出器（radiation detectors）」「線量計（radiation dosimetry）」「放射能防護呼吸器（respiratory protection）」「放射能コントロール技術〔軍事と民生用〕（radiological control technicians〔military and civilian〕）」「空中線量測定でのＦＲＭＡＣ〔米連邦放射能測定評価センター〕の支援（FRMAC support for airborne radiation monitoring）」「ＵＡＶ〔無人航空機〕による映像・放射能モニタリング（UAV for imagery and radiation monitoring）」の七件を特定して要請。

第四項では、「原子炉安定化」カテゴリーでの支援について、「遠隔運転可能車両（remotely operated vehicle capabilities）」「無人機による原発の空撮と放射能測定（UAV aerial photography and radiation monitoring over reactor plant site）」の二件を特定して要請。

第五項では、「アメリカ太平洋軍・科学&テクノロジー班活動」カテゴリーでの支援について、「無人大型ヘリコプターの配備（deployment of heavy lift unmanned helicopter）」「米国防脅威削減局〔ＤＴＲＡ〕のＷＡＣＳ〔大量破壊兵器空中収集システム〕とＡＲＣＳ〔空中放射能収集システム〕の配備（deployment of DTRA's WMD Aerial Collection System〔WACS〕 and Airborne-Radiological Collection System〔ARCS〕）」の二件を特定して要請。

そのうえで次の第六項において、「これらの支援が日本政府の費用負担なしで行なわれると、われわれは理解している（It is our understanding that the above supports will be provided at no costs to GOJ.）」と念を押しているのだ〔三六頁に実物コピーを収録〕。

これが日本の政府が——防衛当局が、「3・11」から、なんと半月近く経ったあとに、横田基地の米空軍司令に出した支援要請確認メールである。

日本の自衛隊が、いや日本の政府が、核災害、そして核攻撃被害、あるいは原発事故の発生を前提に、十分な準備をせず、結果的に米軍に頼らなければならなかったお寒い現実を浮かび上がらせる「覚書メール」ではないか！

それにしても、自衛隊が在日米軍に、防護服をくれ、防護マスク（放射能防護呼吸器）をくれ、それも無償で、とは……。

自衛隊がこの有様では、東電が米大使館に直接、ＳＯＳコールを入れたのも、無理からぬことである。

米軍ヘリでの水投下を要請

自衛隊関係では、こんな「新事実」も明らかになった。

24 March 2011

MEMORANDUM FOR Commander, United States Forces Japan, Yokota AB

SUBJECT: Request for U.S. Military Support to Japan

1. The government of Japan and the Japan Joint Staff request for military support on the following items in order to rapidly and effectively stabilize the situation at the Fukushima Nuclear Power Plant.

2. In reference to the memorandum, "Considerations for U.S Military Support to Japan," GOJ and JJS request support from three categories: Radiological Controls, Reactor Plant Stabilization, and USPACOM S&T Cell Actions.

3. Under Radiological Controls, request support on anti-contamination clothing and materials, radiation detectors, radiation dosimetry, respiratory protection, radiological control technicians (military and civilian), FRMAC support for airborne radiation monitoring, and UAV for imagery and radiation monitoring.

4. Under Reactor Plant Stabilization, request support on remotely operated vehicle capabilities and UAV aerial photography and radiation monitoring over reactor plant site.

5. Under USPACOM S&T Cell Actions, request support on deployment of heavy lift unmanned helicopter and deployment of DTRA's WMD Aerial Collection System (WACS) and Airborne Radiological Collection System (ARCS).

6. It is our understanding that the above supports will be provided at no costs to GOJ.

7. Additional requests may follow upon the conclusion of coordination with other GOJ agencies. Thank you for your ongoing effort to support Japan. POC for this memorandum is CAPT Sekiguchi at DSN 315-224-7721.

Masayuki Hironaka
Lt. Gen, JJS J3

米国のネット・メディア、「ＥＮＥＮＥＷＳ（エネニュース）」が二〇一四年一月四日に報じた、ＮＲＣの情報公開・フクイチ事故関連内部資料のなかに、日本政府が米政府に対して、米軍のヘリコプターをフクイチの現場に出動させ、「水バケツ（Water bucket）」による水の投下・冷却を要請していたことを示すメールが含まれていた。

問題のメールは、ＮＣＲが米東部夏時間（ＥＤＴ）の二〇一一年三月十三日午後六時十五分（日本時間の同十四日午前七時十五分）に関係先に発信した部内メール（注20）。

そこに、十五分前、ＥＤＴ同十三日午後六時時点でまとめられた「告知アップデート・第一二報（Awareness 0330-11 Update Report 12 Earthquake - Tsunami – Japan〔1800 EDT 13 Mar 11〕）」が収録・掲載されており、その「現在の状況（Current）」の冒頭に、「水バケツ・ヘリの出動要請（US helicopter "water bucket" operations to cool Fukushima reactors）」を含む、日本政府の六項目にわたる「公式支援要請（official requests for US assistance）」が明記されていたのだ。

日本の陸上自衛隊（仙台・霞の目基地）のヘリによって、３号機に対する海水の投下が実際に行なわれたのは、同十七日になってからのこと。日本政府はその三日前には、米政府に対して米軍ヘリの出動を公式に要請していたわけだ。

３号機は、三月十三日午前一時十分に海水の注入ができなくなり、同十一時一分に爆発した。

注20 部内メールは、以下のＮＲＣ情報公開資料の四〇～四一頁に収録されている。
→ http://pbadupws.nrc.gov/docs/ML1328/ML13284A041.pdf

日本政府の米軍ヘリ出動要請は、こうした事態の破局的展開のなかで出されたわけだが、結局、米軍ヘリではなく自衛隊ヘリが出動したところをみると、出動要請は米政府に蹴られたものとみられる。米側はおそらく、日本は自分の起こした事故に、どうして自分で対処しないのかと不信感を募らせたことだろう。

さて、この時点で日本政府は米側に、ほかに何を公式要請していたか。米軍ヘリ出動要請（六項目のうちの第二項）を除く、ほかの五つについて、一通り見ておくことにしよう。「NRC告知アップデート」は箇条書きで列記しているので、以下、その通り、原文対比で並べると、こうなる。

1 〔米政府の〕核事象対応　Nuclear Incident Response

2 （略）

3 都市部における捜索・救助活動と捜索犬の派遣（カリフォルニア・タスクフォース2とバージニア・タスクフォース1はすでに三沢に到着）、および米国防総省に対する沿海部、近海での捜索・救助活動の責任付託　Urban Search and Rescue（US&R）Teams and rescue dogs（California Task Force 2 and Virginia Task Force 1 US&R Teams have arrived in Misawa）, and Department of Defense to take responsibility for US&R along the coast line and in coastal waters

4　（日本側の）日本国内米軍基地の使用　Use of US Air Force bases in Japan
5　日本ヘリの空母「ロナルド・レーガン」への着艦許可、医療支援、給油　GOJ helicopter landing authorization, medical assistance and refueling on USS RONALD REAGAN
6　米軍の揚陸艦「トルトゥーガ」による（北海道）駐屯陸上自衛隊部隊の、小樽から秋田への輸送要請　USS TORTUGA support for transportation of Japan Ground Self-Defense Force（JGSDF）Northern Army from Otaru to Akita

米軍へ「沿海・近海での捜索救助」を丸投げ

このなかで注目されるのは、第三項の、日本政府が米国防総省、すなわち米軍に対し「沿海部、近海での捜索・救助活動の責任」をとるよう公式要請していたことだ。

これは米軍ヘリの投水出動要請と同じくらい……いやそれ以上に重大な「新事実」である。

ここでいう「沿海部、近海」とは、いうまでもなくフクイチの沿海・近海を指す。そこはつまり「核事象」下にある被曝地、放射能汚染の現場であるということだ。そこに取り残された被災者たち――つまり自国民（日本国民）の捜索・救助活動の「責任（responsibility）」を、日本政府は米軍に預けようとしていたのである。

なぜ、そうしたか？

それはおそらく、日本の自衛隊に放射能汚染区域で活動できるだけ十分な装備がなかったからだ。だから米軍に「責任」を〝丸投げ〟しようとしたのだ。

この要請に米側が応えたかは不明だが、とにかく日本政府がワシントンに対して「正式要請」したという事実は、日本の自衛隊には「核事象」対策が不足していたのではないか、との疑念とともに、日本政府として要請した時点ですでに、フクイチ事故が途方もない核惨事としてさらに拡大していくことを承知していたのではないか、との疑いを提起するものである。

日本政府はフクイチ事故の超弩級の怖さを、そのときすでに知っていた。知っていたからこそ、これはもう米軍に頼るしかないと判断したのではないだろうか。

その他の要請項目についてみると、第五項の空母「ロナルド・レーガン」への日本側ヘリの着艦許可要請が気になる。

同空母では後述〔第4章を参照〕のように洋上被曝が問題になり、被曝した米水兵ら二〇〇人以上が東電を相手どって、一〇億ドルを超える医療基金の創設と一人一〇〇〇万ドルの損害賠償などを求める集団訴訟を起こし、カリフォルニア州サンディエゴの連邦裁判所で係争中だ。その「ロナルド・レーガン」に自衛隊ヘリが着艦していたとなると、その乗員らもまた、フクイチ発の放射能プルームで被曝した恐れが出て来る。

第六項の米揚陸艦による自衛隊員の移送については、その後、米側が要請に応えたことがわかっている。ただし、移送ルートは「小樽―秋田」ではなく、苫小牧―大湊〔青森県〕に変更された。

さて、以上がNRCの「告知アップデート・第一二報」で部内に周知された日本政府の「正式要請」のすべてだが、この「第一二報」には、続いてこう書かれている。

……日本政府は安定ヨウ素錠剤を、健康リスクの軽減を願って被曝地域の人々に配布している。

…… the GOJ is distributing potassium iodine tablets to impacted population in hopes of reducing health risks.

米政府は日本時間・同三月十四日早朝のこの時点で、日本政府が必死になって安定ヨウ素剤の配布を続けているものと、まだ信じ込んでいたのだ。

日本政府は国民の知らないところで、米軍ヘリによる「バケツ水」の投下を要請したり、捜索・救助「責任」を米軍に預けようとしたり、米側にヨウ素剤配布を続けていると思い込ませたりしていたのだ。

「フクイチ核惨事」の急展開のなかで、米国には支援要請というSOSを発する一方、国民に対しては、さもたいしたことのないような素ぶりを続け、「安心神話」を振り撒いていたのである。

富士山も7合目までセシウム汚染

プロローグ冒頭、天皇陛下のお言葉まで編集カットする日本の情報統制の姿を紹介したが、日本のもうひとつの象徴であるあの富士山が、標高二七〇〇メートルまでフクイチ発の放射性セシウムで汚染されたことを一般の国民は知らない。

これは国際的な学術誌、『放射能分析と核化学ジャーナル（*Journal of Radioanalytical and Nuclear Chemistry*）』（電子版）に、二〇一四年十一月付で掲載された論文（注21）で、日本の研究チームが明らかにしたことだ。標高二七〇〇メートルとはちょうど七合目にあたる。

黒澤明監督の映画、『夢』（注22）に「赤富士」というエピソードが出てくる。

原発が爆発し、富士山が赤く染まる。

赤く見えるのは放射能を着色する技術が開発されていたから、という想定だ。

「原発は、安全だ！　危険なのは操作のミスで、原発そのものに危険はない。絶対ミスを犯さないから問題はない、とぬかしたヤツラは、許せない！」と叫ぶ子連れの女性。

発電所の所長や着色技術を開発した技術者が自殺したあと、押し寄せる赤い霧を必死になって払いのけ続ける主人公たち……（注23）。

もしもフクイチ発の放射能プルーム（雲）が赤色に染まるものであれば、富士山はいまごろ、七合目まで「赤冨士」になっていたことだろう。

無色透明、見えないことをいいことに、「情報アンダー・コントロール」が続く日本。

本書はその可視化のための、ささやかな抵抗の記録である。

注21 「福島第一原発事故による放射性セシウムの富士山における標高分布（*Altitude distribution of radioactive cesium at Fuji volcano caused by Fukushima Daiichi Nuclear Power Station accident*）」

→http://link.springer.com/article/10.1007/s10967-014-3753-2

注22 黒澤明監督の『夢』は一九九〇年公開のオムニバス映画。「赤冨士」を含む八話で構成されている。

注23 『シネマ・トゥデイ』、「黒澤明、映画『夢』で原発事故を20年前に糾弾」（二〇一一年四月十三日付）

→http://www.cinematoday.jp/page/N0031643

第1章　東京オリンピック

東京五輪をドタキャン

ニューヨーク・タイムズは、すでにこう伝えていた。「東京オリンピック」について、とっくにこう伝えていた。虚報でも誤報でもなく、たしかにこう伝えていた。

日本の内閣は先週、トーキョーが招致を撤回するよう勧告した。そのニュースは、トーキョーのオリンピック組織委員会の本部に、まるで砲弾のように落下した。

Last week the Japanese Cabinet recommended that Tokyo withdraw its invitation. The news fell upon the Olympic organizing headquarters in Tokyo like a bombshell.

日本政府が東京オリンピック組織委員会に五輪開催の招待状を引っ込めるよう勧告した、というのである。冗談でもなんでもなく、そんなとんでもないことを日本の内閣がしたと、ほかならぬニューヨーク・タイムズがほんとうに報じていたのである。その爆弾勧告の結果、東京の組織委は爆砕されてしまった、と。これはいったいどうしたわけか？　タイムズ紙の記事はこう続く（傍点強調は大沼）。

日本のアスリートたちは、一九四〇年の東京大会に向けてすでに準備を続けていたので、ひどく落ち込んでいる。ビジネスマンたちは不機嫌に押し黙ったままだ。国民が屈辱に思い、「面目まるつぶれ」と感じていることは明らかである。

もうお分かりのように、これはわたしたちのこの国で戦前、現実に起きたことである。あまり知られていないことだが、実際にあったことだ。

上記ニューヨーク・タイムズの報道は一九三八年七月十七日付(注1)（閣議決定は同七月十五日）。ということは、日本政府は二年後に迫った「東京五輪」を、取り返しのつかない時点で〝ドタキャン〟していたわけである。

ベルリンで開かれたIOC（国際オリンピック委員会）総会での投票で「東京」が「ヘルシンキ」を破り、次の五輪開催地に決まったのは、二年前の一九三六年のこと。自分から手を挙げ、国威を賭けて運動し、ついに当選を果たして、駒沢に五輪スタジアム・選手村を整備する計画を進めていたにもかかわらず自分から投げ出してしまったのだ。

札幌五輪も幻に

当時の顚末は、日本の五輪委がIOCに出した英文の報告書に詳しい。（注2）

東京五輪委がキャンセルを決めたのは、閣議決定の翌日、同七月十六日のこと。天皇側近の木戸幸一侯爵（厚生大臣）が「現下の事変の究極目標を達成するため、国家が精神的・物質的動員の必要と直面している時に鑑み、五輪を祝う権利を喪失するほか、方策なし（注3）」と発言したことを受けて、協議の結果、「東京五輪をキャンセルすることが国策的に最善の解決策」との結論に全会一致で達し、ただちにIOC会長あて電報で通告した。

英語による電文に書かれた開催のキャンセル理由は「（日本に対する）敵対行為が長引き、即時和平の見通しがないため（owing to protracted hostilities with no prospect of immediate peace）」だった。

ここでいう日本に対する敵対行為とは、言うまでもなく「日中戦争」である。中国側の抵抗で泥沼化が急速に進み、日本は開催決定からたった二年で投げ出さざるを得ない状況に追い込まれたのである。前年、一九三七年の暮れには、あの「南京事件」の南京攻略（陥落）があったが、戦線の拡大と膠着化は、五輪という国威発揚の機会さえ放棄せざるを得ないほど激しく国力を消耗させていた。

見通しのなさ、無謀さのツケが回り、軍部の暴走を止められない日本政府は、ついに国際社会の信義則に反し、自ら国家的信用を失うところまで追い込まれたわけだ。

キャンセルの二年前のＩＯＣ総会で、日本（政府）は東京五輪だけでなく、実は同じ年、一九四〇年の「冬の札幌オリンピック」まで招致に成功していた。それだけ国際社会に対し、国力を誇示して大見得を切っていたのである。それを恥も外聞もなく自ら放り出した無責任さは、日本の近代史に残る汚点のひとつとして、もっと知られていい歴史的な事実である。

「トウキョウ、トウキョウ」の大合唱

幻に終わった一九四〇年の東京五輪には、日本と枢軸関係を結んで行くナチス・ドイツの影が色濃く付きまとっていた。元ＮＨＫ記者でスポーツ史研究家の橋本一夫さんによると、一九

注１　ニューヨーク・タイムズの電子アーカイブ
→http://timesmachine.nytimes.com/timesmachine/1938/07/17/99554238.html?pageNumber=48

注２　日本の五輪委による当時の報告書は、一九八四年のロサンゼルス五輪の際、設けられた、米国の「ＬＡ84財団」の手でＰＤＦ文書化され、ネットで公開されている。
→http://library.la84.org/6oic/OfficialReports/1940/OR1940.pdf

注３　この木戸幸一侯爵の発言は、大沼の私訳。英語原文は以下の通り。
……when the nation is confronted with the necessity of requiring both spiritual and material mobilization in order to realize the ultimate object of the present incident.

三六年のベルリン・オリンピック開会の三日前、同年七月二十九日、ベルリン大学大講堂で開かれたIOC総会で、「東京」が「ヘルシンキ」を下すには、「ヒトラーが動き、〔IOC会長の〕ラトゥールが動かなければならなかった」という。総会に出席した「東京市」の「磯村英一掛長」は、東京開催決定後、ラトゥール会長から「ヒトラーに感謝せよ」と告げられてもいる。(注4)

ヒトラーのナチス・ドイツがベルリン・オリンピックを国威発揚に使ったことはよく知られているが、その年の十一月、日本がドイツと日独防共協定に調印して同盟関係を強化する流れのなか、次期「東京五輪」の開催決定にヒトラー自身が肩入れし影響力を発揮していたとは驚きの事実である。

ベルリンから東京へ。聖火のバトンタッチは、日独枢軸形成の中で行なわれたのだ。ベルリン・オリンピックの閉会式が行なわれたのは、同年八月十六日夜。

その模様を、橋本一夫さんは以下のように記している。

……ラトゥールがベルリン大会の閉幕を宣言し、オリンピック旗が降ろされ（中略）サーチライトに照明された掲示板に「……トウキョウ一九四〇」の文字があざやかに浮かび上がり……日章旗が掲揚される。

日本オリンピック委員会を代表して日本選手団長平沼亮三が壇上に立ち、「次は東京です。全世界の皆さん、東京オリンピックにどうぞ！」と呼びかけると、スタンドからは

「トウキョウ、トウキョウ」の大合唱が起こった。(注5)

「アンダー・コントロール」演説

ＩＯＣが二〇二〇年のオリンピックの開催地をみたび「東京」にすることを決めたのは、二〇一四年九月七日（日本時間八日）、ブエノスアイレス総会でのことだった。七日午後五時（日本時間八日午前五時）過ぎ、ＩＯＣのジャック・ロゲ会長（当時）が「イスタンブール」との決選投票結果を発表すると、現地の日本代表団は歓喜に包まれ、安倍首相、猪瀬都知事（当時）らもガッツポーズをとるなどして喜びを爆発させた。

選考前の最終プレゼンで、安倍首相は英語による演説の冒頭、こう言い切っていた。（太字強調は大沼、日本語対訳は、首相官邸の公式文）

Mister President, distinguished members of the IOC.

It would be a tremendous honour for us to host the Games in 2020 in **Tokyo - one of the safest cities in the world, now... and in 2020.**

Some may have concerns about **Fukushima.** Let me assure you, **the situation is**

注４　橋本一夫著、『幻の東京オリンピック』（講談社学術文庫）、一〇九ページ。
注５　同書、一二六ページ。

under control. It has never done and will never do any damage to Tokyo.

I can also say that, from a new stadium that will look like no other to confirmed financing, Tokyo 2020 will offer guaranteed delivery.(注6)

会長、ならびにＩＯＣ委員の皆様、

東京で、**この今も、そして二〇二〇年を迎えても世界有数の安全な都市、東京**で大会を開けますならば、それは私どもにとってこのうえない名誉となるでありましょう。**フクシマ**について、お案じの向きには、私から保証をいたします。**状況は、統御されています。東京には、いかなる悪影響にしろ、これまで及ぼしたことはなく、今後とも、及ぼすことはありません。**

さらに申し上げます。ほかの、どんな競技場とも似ていない真新しいスタジアムから、**確かな財政措置**(注7)に至るまで、二〇二〇年東京大会は、その確実な実行が、確証されたものとなります。

一国の首相が公式の場で確認したのだ。東京は今も二〇二〇年も世界有数の安全都市、フクシマはコントロール（統御）されているし、日本の財政状況も大丈夫！

安倍首相はこう明言したのである。この確約があったからこそ、ＩＯＣの委員の過半数は「東京」に投票したはず。その断言が、日本の一部政党の選挙公約のように危ういものと知っていたなら、開票結果はあるいは別のものになっていたかも知れない。

東京の土は米国の「放射性廃棄物」

さて首相のブエノスアイレス演説は、制御不能（アウト・オブ・コントロール）の現実を隠蔽した「フクシマ・アンダー・コントロール」スピーチとして、その後、物議を醸すことになるが、東京五輪誘致を目指す安倍首相として、フクシマ（Fukushima）に言及せざるを得なかったのは、それだけ「フクイチ核惨事」による首都・東京の放射能汚染問題への懸念が世界に広がっていたからだ。

フクイチ核惨事により、ＴＯＫＹＯはどれほど汚染されてしまったのか？

この問題について、たとえば米国の原発問題専門家、アーニー・グンダーセンさんは自ら主宰する『フェアウィンズ』サイトでのＴＯＫＹＯ発ビデオ・ニュースを通じ、来日調査の結果を報じて、こう問いかけていた。

注6　安倍首相、招請演説（英語）
→http://japan.kantei.go.jp/96_abe/statement/201309/07ioc_presentation_e.html
注7　同（日本語）
→http://www.kantei.go.jp/jp/96_abe/statement/2013/0907ioc_presentation.html

花を摘もうとひざまずいたとき、そこが放射性廃棄物の土だとしたら、どんな気持ちがします? それが今、東京で起きていることです。(注8)

グンダーセンさんは、東京の土の放射能汚染は、米国では放射性廃棄物とみなされるほどひどいものだと警告したのである。

渋谷、鎌倉、千代田区の遊び場、同じく千代田区の屋根、日比谷公園で採取した湿り気のある土をプラスチックの袋に入れて米国に持ち帰り、放射能測定機関に測定を依頼したところ、五検体とも米国の「放射性廃棄物」に該当する汚染レベルであることがわかり、テキサス州の廃棄物処理場に送って処分することになった。

汚染が最もひどかったのは渋谷区のサンプルで、セシウムのほか、コバルト60が一四八一ベクレル/kgも検出された。コバルト60は鎌倉、および日比谷公園の土壌からも検出された。

鎌倉ではウラン235も「陽性」と出た。渋谷は「陰性」だったが、その他、三地点の土壌からはウラン235の「痕跡」が確認されている。これについてグンダーセンさんはビデオで言及していないが、3号機核燃料プールの核爆発で核燃料が首都圏まで吹き飛んだことを意味するものだ。

屈みこみ、ひざまずいて野の花を摘むイメージは、乙女たちの——東京の撫子たちのイメージである。東京の乙女は放射能の野に手を差し伸べ、死の灰にまみれた花を摘み上げなければならない……これがフクイチ放射能で汚染された日本の首都・東京の偽らざる現実の姿だと、グンダーセンさんは検査結果のデータを示し、わたしたち日本を含む国際社会に警戒を呼びかけたのである。

「ニヒト・ウンター・コントローレ」

被曝地・東京でのオリンピックに対する警戒感は、ベルリン・オリンピックの記憶をナチス・ドイツによる支配と重ね合わせ持つドイツにおいても根深く、ドイツを代表する高級紙、『フランクフルター・アルゲマイネ（ＦＡＺ）』などは、ブエノスアイレスＩＯＣ総会の直前、「オリンピアとフクシマ（*Olympia und Fukushima*）」と題する次のような東京特派員電[注9]を載せて「東京開催」に強い懸念を示したほどだ。

注8　アーニー・グンダーセンさんの『フェアウィンズ』ビデオ・ニュース、「東京の土壌サンプルは、米国では核廃棄物とみなされるだろう（*Tokyo Soil Samples Would Be Considered Nuclear Waste In The US*）」（二〇一二年三月二十五日付）
→ http://www.fairewinds.org/tokyo-soil-samples-would-be-considered-nuclear-waste-in-the-us/#sthash.imlpCPfb.dpuf
この発言の英語原文は以下の通り。
How would you like it if you went to pick your flowers and were kneeling in radioactive waste? That is what is happening in Tokyo now.

日本政府と東電はフクシマのカタストローフェをコントロールした状態にたどり着いていない。それゆえ日本政府はオリンピックの開催で報われるべきでない。

ドイツでは、FAZのような保守派の新聞までが、フクイチ核惨事は「アンダー・コントロールされていない（……nicht in der Lage, die Katastrophe unter Kontrolle zu kriegen）」と「東京開催」に警告を発していたのである。

「ニヒト・ウンター・コントローレ」――安倍首相のブエノスアイレスでの「アンダー・コントロール」断言演説は、このFAZのあからさまな反対意見を意識してのことだったのかも知れない。

「一九四〇東京五輪」には日本の中国侵略を理由に反対する声が海外で上がった。同じように「二〇二〇東京五輪」はフクイチ核惨事を理由とした反対意見が、開催決定以前において、一般の日本人が知らないところで早くも噴き出していたのだ。

こうした国際社会の反対意見は当然のことながら東京開催決定後、さらに強まった。開催決定後に出た反対意見とは言うまでもなく「開催再考」や「開催中止」を求める声である。具体例を見てみよう。

ＩＯＣ会長へ独立調査を要請

たとえばオーストラリア出身の医師で、反核運動の世界的な指導者であるヘレン・コルディコット女史は二〇一四年一月二十三日、ＩＯＣのトーマス・バッハ新会長に書簡を送り、独立した生体医学（医療）の専門家でつくるチームを結成し、懸念されるあらゆる分野について、放射性崩壊による健康への懸念がどの程度のものか調査に入るよう求めた。ここでいう「独立した」とは言うまでもなく、紐のついた御用研究者を排除した、公正・中立な、という意味である。

コルディコット女史はつまり、独立性のある専門家チームで「東京」がオリンピックの開催地として適当かどうか被曝の程度を調べてほしいと注文をつけたのである。

女史は「懸念」する理由を八項目にわたり、簡潔かつ具体的に述べている。いずれも重要な

注９　『フランクフルター・アルゲマイネ』、「オリンピアとフクシマ」（二〇一三年九月四日付）
→ http://www.faz.net/aktuell/wirtschaft/wirtschaftspolitik/atom-katastrophe-olympia-und-fukushima-12558709.html
引用箇所の原文は次の通り。
Die japanische Regierung und der Betreiber des Atomkraftwerks in Fukushima sind bisher nicht in der Lage, die Katastrophe unter Kontrolle zu kriegen. Dafür sollten sie nicht mit den Olympischen Spielen belohnt werden.

ポイントなので、以下、野村初美さんによる日本語訳で、そのすべてを紹介しよう。(注10)

1　東京都の一部地域は福島第一原発事故による放射能汚染を受けています。アパート、建物の屋根に生えている苔、通りの土壌から無作為に集めたサンプルを検査したところ、高濃度の放射能が検出されています。調査結果参照のご要望があれば応じます。

2　従って選手たちは、アルファ線、ベータ線やガンマ線といった放射能を出す放射性ちりを吸い込んで体に取り込んでしまう恐れがあります。汚染された道路上や土中からのガンマ線による（エックス線撮影のような）外部被曝についても同様に考えられます。

3　東京の市場に並ぶ食品の多くは放射能に汚染されています。政府による奨励策で福島県産の食材が売られているためです。（食品中の放射性物質を味やにおいで感知することは不可能な上、全品検査も実際的ではありません。）

4　日本の東方沖で獲られた魚の多くは放射能に汚染され、中にはかなり深刻な度合いのものもあります。この問題は現在も続いており、ほぼ三年間毎日、損壊した原子炉からは三〇〇〜四〇〇トンの汚染水が太平洋へと流れ込んでいます。

5　汚染された食物や飲料を選手たちが摂取した場合、何年か後に癌や白血病を発症する可能性があります。こうした疾患の潜伏期間は、個々の放射性核種や罹患臓器によって異なりますが、五年から八〇年です。

6　日本政府は放射性廃棄物を焼却し、一部の焼却灰を東京湾に廃棄しています。そこはオリンピック選手たちが競技する会場です。

7　もう一つ大きな心配の種は、これから二〇二〇年までの間に、福島第一原発から更に放射能汚染物質が放出される可能性です。原発３号機と４号機は地震とその後の爆発で激しく損傷。今後マグニチュード７以上の地震に襲われたら倒壊する危険性は増します。その場合、チェルノブイリの一〇倍もしくはそれ以上の放射性セシウムが空中に放出される可能性があります。東京は既存の汚染問題に追い打ちをかけられ、選手たちは大きな危険にさらされます。

8　福島第一原発には、一〇〇〇基を超える鋼製タンクが急きょ設置され、数百万ガロンの高濃度放射能汚染水を貯蔵し、更に一日四〇〇トンの汚染水が汲み上げられています。未熟な作業員が設置したタンクがある上に、組み立てには、腐食したボルト、ゴム製シーリング材、プラスチックパイプ、粘着テープが使用されています。次に大きな地

注10　野村初美さんによる邦訳は、ニューヨーク在住の元・国連アドバイザー、松村昭雄さんの以下のウェヴ・サイト（日本語版）に掲載された。ただし数字の表記法については、本書の表記に合わせ、変更した。

→http://akiomatsumura.com/2014/03/%E3%81%82%E3%82%8A%E3%81%8C%E3%81%9F%E8%BF%B7%E6%83%91%E3%81%AA%E7%A7%91%E5%AD%A6-%E3%83%BC-%E5%9B%BD%E9%80%A3%E7%89%B9%E5%88%A5%E5%A0%B1%E5%91%8A%E8%80%85%E3%81%8C%E7%A6%8F

震が起きたら、多くのタンクは破裂し、大量の高濃度汚染水が東京からわずか北の太平洋に流れ込むことになります。

コルディコット女史はIOC会長あての書簡ということで、二〇二〇年の東京オリンピックに出場する選手たちの健康問題を取り上げているが、考えてみればそれは各国の選手団だけでなく、世界各地から応援に集まる観客たちの問題でもあるだろう。

いや、それはもはや考えるまでもなく、開催ホストの東京都民、首都圏在住者全員が抱える受け入れ側自身の問題でもある。

女史が指摘するように、今でも汚染がひどいのに、再びフクイチから放射性物質が大放出されるようなことがあれば、死の灰プルーム（放射能雲）から逃れるため、各国の選手団・外国人観客ばかりか首都圏在住の三〇〇〇万人もが脱出・避難を余儀なくされる事態もあり得る。

安倍首相のいう「アンダー・コントロール」、あるいは「東京にフクシマの影響なし」が実際はどの程度のものかIOCの独立専門家チームが検証することは、わたしたち日本人の安全性（危険性）の度合を確証するためにも、きわめて重要なことである。

「恥ずべき収拾作業」

日本人の多くはこの「アンダー・コントロール」の一言でもって、フクイチの現場は文字通り、コントロール下にあり、もう何も心配することはないのだという、新たな「安心神話」へと意識づけされたかたちだが、国内世論は統御し得ても、日本政府のコントロール外にある国際世論は制御できず、国際社会において厳しい見方が噴き出していることも、多くの日本人が知らないのが現実である。

たとえば国際世論に大きな影響力を持つニューヨーク・タイムズが、それも社説で、フクイチの事故後の諸対策について「恥ずべき」ものと手厳しく批判したことは、記録としても記憶としても銘記されねばならない事実である。

二〇一四年三月二十一日付の社説、「フクシマの恥ずべき収拾作業（*Fukushima's Shameful Cleanup*）」(注11)で、タイムズ紙の論説委員会は「フクイチ廃炉作業に責任放棄のパターンが浸透している（a pattern of shirking responsibility permeates the decommissioning work）」と東電任せで済ませている日本政府を非難した。

……とりわけメルトダウンした原子炉をいかに処理するかや、放射線による被曝の脅威をどのくらいの期間で収束できるかについて、ほとんど何も分からないのだから、いまのやり方をこれ以上、続けることはできない。日本政府が核惨事の現場を直接、コントロールしないまま長い時間が過ぎ去ってしまった。

注11　ニューヨーク・タイムズ社説、「フクシマの恥ずべき収拾作業」
→http://www.nytimes.com/2014/03/22/opinion/fukushimas-shameful-cleanup.html?_r=0

……"particularly since so little is understood about how to deal with the melted-down reactors, or how long it will take to end the radiation threat. It is long past time that the government take direct control of the disaster site.

安倍首相はフクシマについてアンダー・コントロール下にあると言ったが、ニューヨーク・タイムズは、肝心のコントロールの責任を日本政府として引き受けていないと批判したのだ。コントロールする責任を引き受けようとせず、逃げ回っているだけの政府のトップが、いくらコントロールできています、と言い張ったところで、説得力は生まれないのである。

「なぜ尿検・血液検査をしないのか？」

この痛烈なニューヨーク・タイムズ社説が出た前日の同三月二十日、東京都内での国連特別報告者（注12）、アナンド・グローバー氏のこんな発言が、ブルームバーグ通信によって全世界に報じられた（注13）。

「なぜ尿検査をしないのか？　なぜ血液検査をしないのか？」

"Why don't we have a urine analysis, why don't we have a blood analysis?"

アナンド・グローバー氏は言うまでもなく、福島原発事故の健康被害を現地調査し、国連人権理事会で日本政府に対する勧告（二〇一三年五月二日に報告書を発表、同二十七日、ジュネーブの国連人権理事会で同氏が報告）を出した国連の特別報告者。フクイチ核惨事三周年に合わせて再来日し、外国特派員協会、明治学院大学で講演したほか、国会の院内集会にも出席し、前年の「勧告」に対して積極的に応えようとしない日本政府をあらためて批判したのである。

グローバー氏が呼びかけた「尿検・血液検査」はもちろん、フクイチ被曝者のいのちと健康を守るためのものだが、安倍首相が「フクシマ・アンダー・コントロール」を強弁し、「二〇二〇年東京オリンピック」へひた走る姿勢を続ける中でのこの発言はわたしたちにオリンピック・アスリートたちへのドーピング検査の厳しさを想起させつつ、なぜそんな基本的な検査もできないのか、という日本政府への怒りの響きさえ込められたものだった。

注12　正式名称は、「達成可能な最高水準の心身の健康を享受しうる全ての人々の権利に関する国連特別報告者（the Special Rapporteur on the right of everyone to the enjoyment of the highest atainable standard of physical and mental health）」。グローバー氏はインド出身の弁護士。

注13　ブルームバーグ、「国連調査報告者がフクシマでの健康被害で追加検査を呼びかけ（*UN Investigator Calls for More Testing of Fukushima Heath Impact*）」（二〇一四年三月二十日付）
→ http://www.businessweek.com/news/2014-03-20/un-investigator-calls-for-more-testing-of-fukushima-heath-impact

言葉を詰まらせた環境省参事官

このグローバー氏再来日についても日本のマスコミは、例によって一部を除き〝黙殺〟を続けた。そんななかで東京新聞が伝えた、院内集会での次のエピソード(注14)は「アンダー・コントロール」の空虚な内実を物語ってあまりあるものだ。政府の担当高官がこんなありさまでは、首相の口先が「アウト・オブ・コントロール」になるのも仕方ないことかも知れない。

……院内集会には日本政府関係者も招かれた。環境省の……参事官は「広島や長崎でも一〇〇ミリシーベルト以下で明らかな影響が認められていないと認識する。なぜ一ミリシーベルトを持ち出すのか根拠を聞きたい」と疑問を呈した。これに対し、集会に参加していた元国会事故調査委員会委員で元放射線医学総合研究所主任研究官の崎山比早子氏は、原爆の被爆者の健康調査のために日本で設けた「放射線影響研究所」が12年に発表した論文を取り上げ「リスクがゼロなのは線量がゼロの時以外にないと書いてある」と反論。グローバー氏もこの論文を根拠の一つとして低線量被ばくの健康影響を考えていると説明した。……参事官は「その論文自体、把握していなかった」と言葉を詰まらせた。

これについて人権団体「ヒューマンライツ・ナウ」事務局長の伊藤和子弁護士は「勉強不足

にもほどがある。危機意識が欠けている証拠だ」と語ったそうだが、政府トップに少しでも危機意識があれば、環境省の参事官の認識もより注意深いものになっていただろう。これは一人の政府高官の認識不足というより、「チーム・アベ」全体の認識のありようの問題ではないか。(注15)

まるでドーピング逃れ

さて、アナンド・グローバー氏が出てきたところで、氏が二〇一三年五月に行なった国連人権理事会への報告および日本政府に対する勧告、(注16)それに対する日本政府の「反論」を見ておくことしよう。ここでも国内マスコミで孤軍奮戦する東京新聞の報道で(注17)内容を紹介する。

注14 東京新聞、「『低線量被ばく 考慮を』」(二〇一四年三月二十一日付)

→http://hrn.or.jp/activity/140321tokyo-shinbun-Anand%20Grover.pdf

注15 毎日新聞(二〇一三年六月十三日付)は、復興庁のキャリア官僚(参事官)が、「左翼のクソどもから、ひたすら罵声を浴びせられる集会に」「今日は田舎の町議会をじっくり見て、余りのアレ具合に吹き出しそうになりつつ我慢w」などとツイッターで発言していた問題を報じた。同紙、日野行介記者著、『福島原発事故 被災者支援政策の欺瞞』(岩波新書)のプロローグ参照。これまた安倍政権のリーダーシップのありようを映しだすものなのかも知れない。

注16 グローバー特別報告者の報告・勧告の原文(英語)と日本語対訳(FoEJAPAN訳)は、以下のサイトを参照。

→http://www.foejapan.org/energy/news/pdf/130703.pdf

注17 東京新聞、「国連人権理事会 福島事故、健康である権利侵害」(二〇一三年六月二十二日付)

→http://www.tokyo-np.co.jp/article/tokuho/list/CK2013062202000147.html

日本では福島原発事故後「健康を享受する権利」が侵害されている──。国連人権理事会で〔二〇一三年〕五月、被災状況を調査した健康問題に関する報告があった。放射線量の避難基準を厳格にすることなどを求めたものだが、日本政府は「事実誤認もある」などと激しく反発、勧告に従う姿勢を示していない。

〔二〇一三年〕五月二十七日にジュネーブで開かれた国連人権理事会で、福島原発事故後の健康問題に関する調査の報告があった。特別報告者、アナンド・グローバー氏の報告と勧告は日本政府にとって厳しいものだった。

報告は、原発事故直後に緊急時迅速放射能影響予測ネットワークシステム（SPEEDI）の情報提供が遅れたことで、甲状腺被ばくを防ぐ安定ヨウ素剤が適切に配布されなかったと批判した。

その後の健康調査についても不十分だと指摘。特に子どもの健康影響については、甲状腺がん以外の病変が起こる可能性を視野に「血液や尿の検査も含めて、全ての健康影響の調査に拡大すべきだ」と求めた。

日本政府が年間被ばく線量を二〇ミリシーベルトとしている避難基準に対しては、「科学的な証拠に基づき、**年間一ミリシーベルト未満に抑えるべきだ**」と指摘。「健康を享受する権利」を守るという考え方からは、年間一ミリシーベルト以上の被ばくは許されないとした。

汚染地域の除染については、年間一ミリシーベルト未満の基準を達成するための時期を明示した計画を早期に策定するよう勧告した。

これに対し「勧告を受けた日本政府は、激しく反発」。人権理事会に提出した『反論書』では、「報告は個人の独自の考え方を反映しており、科学や法律の観点から事実誤認がある」とまで言い切った。

グローバー氏が求めた「尿や血液の検査」については、「尿検査は日本の学校では毎年行っている。血液検査は、科学的な見地から必要な放射線量が高い地域では実施している。不必要な検査を強制することには同意できない」と拒否した。

これについて東京新聞は記事のなかで、国会事故調査委員会で委員を務めた崎山比早子氏（元放射線医学総合研究所主任研究官）の「学校の尿検査だけでは、セシウムの検出はできない。甲状腺炎などの異常を見つけるためには、血液検査も必要だ」との意見を紹介した。「健康を享受する権利」がかかったことだけに、日本政府の「反論」は、まるでドーピングの発覚を言い逃れでごまかそうとしているようで、なんとも見苦しい。

日本政府の「反論」はさらに、「公衆の被ばく線量を年間一ミリシーベルト未満に抑える」ことについて、「国際放射線防護委員会（ＩＣＲＰ）の勧告と国内外の専門家の議論に基づき避難区域を設定している」とした。

「確かにICRPの勧告は復旧期の被ばく基準を一～二〇ミリシーベルトとしているが、グローバー氏はICRPの勧告が『リスクと経済効果をてんびんにかける』という考え方に基づいている問題性を指摘し、『個人の権利よりも集団の利益を優先する考え方をとってはならない』と断じていた」のだから、これでは「反論」したことにならない。

東京新聞の記事は最後に「『健康を享受する権利』は、人権条約『国際人権規約』で規定された権利だ。この条約は日本も批准している。なぜ、政府は人権侵害の指摘を打ち消そうと躍起になるのか」と問題を提起し、「国際人権団体ヒューマンライツ・ナウの伊藤和子事務局長は『日本の原発は安全で、対応も完璧だと国際的に評価されたいのだろう』とみる」と続けているが、フクシマにおいて日本政府の「人権侵害」が行なわれているとの厳しい指摘が国連人権理事会の場でなされ、勧告が出たことの重大さから目を背けてはならない。

日本政府が意図的に誤訳？

さてさきほど、グローバー氏が二〇一四年三月に再来日し、国会での院内集会（院内勉強会）に出席したその場での日本政府高官の認識不足をめぐるエピソードを紹介したが、実はもうひとつ、日本政府がこれまた実に恥ずかしい醜態ぶりを氏の面前で演じていた。何があったか、『週刊東洋経済』の報道（注18）で見ることにしよう。

それによると、参議院議員会館で開催された院内集会で、日本の外務省が二〇一三年六月十一日付でホームページに載せていた「グローバー健康の権利特別報告者訪日報告書・補遺・仮訳」（注19）という文書の一節について、出席した河崎健一郎弁護士（福島の子どもたちを守る法律家ネットワーク）から「原文を意図的に誤訳している」との指摘が出された。

グローバー氏による英文の報告書の一節を日本の外務省が意図的に誤訳し、それに対して「弁明」しているという、細かいけれど重大な批判が提起されたのだ。

どこがどう誤訳されたか？（太字強調は大沼）

グローバー氏の勧告の原文（注20）が、「一ミリシーベルト以上の放射線量の**すべての被曝地域**に住む人々に対して、健康管理調査が提供されるべきであること」（The health management survey should be provided to persons residing in all affected areas with radiation

注18 『週刊東洋経済』（電子版）、「子ども被災者支援法〝骨抜きバイアス〟の実態　英文の勧告を誤訳、健康調査拡大を先延ばし」（二〇一四年三月二十五日付）
→http://toyokeizai.net/articles/-/33623

注19 外務省、「グローバー健康の権利特別報告者訪日報告書・補遺・仮訳」
→http://www.mofa.go.jp/mofaj/gaiko/files/kenkou_comment_121126_1.pdf

注20 グローバー氏の「勧告」の（b）。以下の報告書原文を参照。
→http://www.ohchr.org/Documents/HRBodies/HRCouncil/RegularSession/Session23/A-HRC-23-41-Add3_en.pdf

exposure higher than 1 mSV/year.）となっていたのに対して、外務省は「一ミリシーベルト以上の放射線量の**避難区域の**住民に対して、健康管理調査が提供されるべきであること」と翻訳。

外務省の日本語訳にはつまり、原文にはない「避難区域の」を付け加えてあったのだ。外務省はそう訳したうえで、対策について「実施済み」と明記したのである。

しかし原文には、「1ミリシーベルト以上の放射線量の**すべての被曝地域**（all affected areas）」とあった。避難区域どころか、福島県外でもどこでも、一ミリシーベルト以上の放射線量のすべての被曝地域に住む人々に対して、健康管理調査を実施せよ、とグローバー氏は勧告していたのである。

それを勝手に「避難区域」に限定し、「実施済み」のひとことで片づけていた日本政府！

さすがのグローバー氏も、日本の当局者はここまでやるのかと驚いたことだろう。

日本政府の「国連人権理事会グローバー勧告」への〝敵視〟は、首相官邸のホームページでも歴然としている。たとえば、野田政権時代の二〇一二年八月十日、官邸ＨＰに「世界が福島を見守っている～原発事故をめぐる国際組織・機関の動向と見解～」[注21]なる広報文書が掲載されたが、その「国際連合」の項に「ＵＮＳＣＥＲ」の活動ぶりはあっても、人権理事会の動きについては何も触れられていない。グローバー氏が来日調査を行なったのは、同年十一月のこと

（十五～二十六日）だから、その日付の「まとめ」に入っていないのは仕方ないとしても、その後、更新もせず、ひとことも言及していないのは、日本の首相府のやることとして決して認められるものではない。

「オリンピア」と「フクシマ」

この辺で再び「二〇二〇年東京五輪」問題に戻ることにしよう。ドイツの報道を頼りに、何が問題なのかを見て行きたい。

さきほど、ＦＡＺ紙の東京特派員、カーステン・ゲアミスさんの「オリンピアとフクシマ」に少し触れたが、この記事のタイトルが示唆するものは、「二〇二〇年東京オリンピック」をめぐる「オリンピア」と「フクシマ」の対比・対照である。

近代オリンピックは古代ギリシャの「オリンピア」のイメージを重ね、「平和の祭典」と呼ばれるが、「フクシマ」という未曾有の原子力災害＝惨劇の現場から直線距離で二二五キロしか離れていない「東京」で開かれる五輪には、どんな呼称がふさわしいか？

収拾の見通しさえつかないフクシマ核惨事を引き起こした国の首都で開かれる東京五輪は「オリンピアの祭典」なのか、それとも「フクシマ」の影の下で開かれる、被曝のリスクをはら

注21　首相官邸ＨＰ、「世界が福島を見守っている」
→http://www.kantei.go.jp/saigai/senmonka_g27.html

んだものなのか？

ゲアミス特派員の記事の見出しはそんな疑問を抱かせるほど、問題を簡潔でかつストレートに提起するものだった。ゲアミスさんのようなドイツ人ジャーナリストが東京オリンピックに注目する背景には、ナチス・ドイツが独裁を確たるものにした、あの一九三六年のベルリン・オリンピック――「民族の祭典（Fest der Völker）」の苦い歴史の記憶があるように思われるが、もうひとつ、同じ元枢軸国の日本がドイツのように「脱原発」に進まず、原発再稼働を進めるなかオリンピック開催に進んだ「逆コース」ぶりへの驚きもあるような気がする。

「ものすごい誤り」

二〇二〇年東京五輪が被曝のリスクを抱えた「フクシマ・ヒバクリンピック」になりかねないという批判や指摘は、ブエノスアイレスでの安倍首相の「アンダー・コントロール」演説で開催が正式決定したあと、国際社会でさらに強く噴き出した。

ドイツではフクイチ核惨事後、来日調査を重ねている物理学者のセバスティアン・プルークバイル博士（ドイツ放射線防護協会会長）が二〇一四年四月二日付のネット・メディア『ドイツ・ヴィルトシャフツ・ナッハリヒテン』でのインタビュー記事で、（注22）「日本にオリンピックを与えたことは、ものすごい誤り（Riesen-Fehler）」と言い切り、警告した。

東京オリンピックの開催を決めたことが、なぜものすごい誤りなのか？　プルークバイル博士はこの前月の二回目の来日の際、東京で見たこともないものを見てしまったからだ。
それは黒い放射性の微粉。博士の説明を聞こう。

黒い、残留物の粉塵（ダスト）でした。滴るほど水分を含んだダストに似たものが、路上にあったのです。見た目にも明らかなものでした。粉塵の放射線量は非常に高く、メルトダウンの残留物としか考えられません。……とくに危険なのは、子どもたちです。しょっちゅう、地べたであそんだり、転んだりしているわけですから。(注23)

そういうところでオリンピックを開催するなどとんでもないことだと、博士は警告したのだ。オリンピック地面に触れたり、転んだりするのは、なにも子どもたちに限ったことではない。

注22　セバスティアン・プルークバイル博士インタビュー、「フクシマ　東京で高濃度放射能の黒い粉塵を発見（*Fukushima: Hoch radioaktives schwarzes Pulver in Tokio entdeckt*）」
→ http://deutsche-wirtschafts-nachrichten.de/2014/04/02/fukushima-hoch-radioaktives-schwarzes-pulver-in-tokio-entdeckt/

注23　この発言の原文は以下の通り。
Pulvrige schwarze Rückstände, ähnlich einer getrockneten Pfütze, waren auf der Straße sichtbar. Dieses Pulver war so hochgradig radioaktiv, dass es nur von Rückständen der Kernschmelzen stammen kann.……Besonders gefährlich ist das für Kinder, die oft am Boden spielen oder auch mal hinfallen.

選手にしろ同じことだが、「除染をすれば大丈夫では」という当然予想される反論に対し、博士はこう指摘する。

繰り返し、否応なく気づかされるのは、平地を除染しても、すこしするとまた汚染されてしまうことです。森に覆われた山々からどうやったら放射能を取り除けるか、誰もわかっていません。雨が降るたび、雪が解けても放射能汚染水が谷間に運ばれ、せせらぎや川に持ち込まれるのです。

要はフクイチ放射能で自然がまるごと汚染されたということだ。森が汚染され、放射能の供給源になっていると博士は警告しているのだ。

「地獄玉」とは「黒い物質」

プルークバイル博士が来日して初めて目にしたという路上の「黒い粉塵」について補足しておくと、これは福島県内はもちろん関東一円で広く観察されている放射性のダスト。藍藻《らんそう》によって濃縮されたものではないかと見られている。

二〇一二年十一月十七日に福島県南相馬市で採取されたサンプルからは、セシウム合計で四三三五万一六一四ベクレル/kgが検出され、米国のネット・メディアによって世界に報じられた。(注24)

また広島大学、金沢大学、ウィーン大学の国際研究チームが二〇一四年三月六日、国際学術誌の『環境科学&テクノロジー（*Environmental Science & Technology*）』に発表した論文[注25]によると、福島県内の道路際で採取した、セシウムに猛烈汚染された（〇・四三〜一七・七MBq／kg）「黒い物質」から、〇・一八〜一・一四Bq／kgのプルトニウム（239+240Pu）と、0.28〜6.74x10^-4 Bq／kg のウラン236が検出されている。

南相馬市の大山こういち市議はこの「黒い物質」について同年五月十三日、ブログで「地獄のウラン釜が煮立って」できた「地獄玉」と表現、「『地獄玉』の吸引は傷害罪と殺人罪だ」と訴えた。[注26]大山市議のこのブログをはじめとする一連の訴えは英訳記事化され[注27]、国際社会に拡散した。

注24　『エネニュース』、「レポート、フクシマでキログラム当たり四〇〇〇万ベクレル以上の黒い物質（*Report: Black substance with over 40,000,000 Bq/kg of cesium in Fukushima.*）」（二〇一二年十二月十八日付）
→http://enenews.com/report-black-substance-40000000-bqkg-cesium-fukushima

注25　「福島県の道路際で採取された『黒い物質』におけるウラン236のアイソトープ構成とプルトニウム同位体　福島第一原発事故からの放出された放射性降下物（*Isotopic Compositions of 236U and Pu Isotopes in "Black Substances" Collected from Roadsides in Fukushima Prefecture: Fallout from the Fukushima Dai-ichi Nuclear Power Plant Accident*）」
→http://pubs.acs.org/doi/abs/10.1021/es4052945

注26　大山こういち・南相馬市議のブログ「命最優先」
→http://mak55.exblog.jp/20744348/

それは地球史上これまでなかった原子炉5000度を超す溶鉱炉の中で作られたウランから始まる放射性核種（全て）の原子の集合体。α・β・γそして中性子線を発する可能性のある「4種混合の合金」

This is an aggregate of radionuclides which starts with Uranium. It was made in the blast furnace of a nuclear reactor at more than 5000°C. This mixed metal contains four different substances, α・β・γ and also have the possibility to radiate neutron ray. No creature on earth never knew this substance.

「地獄玉」(particles from hell)――プルークバイル博士が東京で初めてみた「黒い物質」とは、大山市議のいう「地獄玉」のことだったわけだ。ここまで来ると、博士が東京でのオリンピック開催を「ものすごい誤り」と言い切った意味も、自ずと分かろうというものだ。

「トーキョー」対「フクシマ」

さて、ドイツの報道を見ていて気づかされたことがもうひとつある。それは「二〇二〇年東京オリンピック」には、「オリンピア」と「フクシマ」という対比に加え、「トーキョー」対「フクシマ」という対立的な構図があることだ。そこには地域間の対等な関係はなく、「中央」（支配）対「地方」（従属）の、いわばタテの関係があるだけ。それが東京での五輪開催決定で、さらに露骨なものになっていることに気づかされた。

教えてくれたのはシュトゥットガルトの有力紙、『シュトゥットガルター・ツァイトゥング（SZ）』の東京特派員、ゾンニャ・ブラスヒケさん。

二〇一四年三月十一日付のフクイチ核惨事三周年を報じる彼女の記事についたタイトルは、「フクシマから三年が経過　オリンピックが復興を妨げている（*Drei Jahre nach Fukushima Olympia behindert den Wiederaufbau*）」だった。（注28）

「トーキョー（Tokio）」が「フクシマ」の復興を妨害している――その意味は、東京オリンピックの開催準備のなか、建築資材の値上がりと人手不足が見込まれ、そのしわ寄せを震災被災地が引き受けることになるからだ。被災地の復興が進んでいないのに、オリンピックを開催することについて、東北地方の県知事が「まず復興、次にオリンピックだ（"Erst der Wiederaufbau, dann Olympia"）」と言いたくなるのも無理からぬこと。

注27　たとえば「DISSENSUS JAPAN」ブログ、「わたしは世界中の人々に助けてくださいと叫びたい（*I want to shout for all the people in this world: "Please Please HELP US!"*）」（二〇一四年五月二十五日付）
→http://dissensus-japan.blogspot.jp/2014/05/i-want-to-shout-for-all-people-in-this.html

注28　SZ紙（電子版）記事
→http://www.stuttgarter-zeitung.de/inhalt.drei-jahre-nach-fukushima-olympia-behindert-den-wiederaufbau.18aaaa2f-a991-4d9d-88c0-82107a2a3fa1.html

「川に蓋して竹馬のような高速道路を建設した」一九六四年の東京五輪では、民衆に「コストと行政の浪費」のつけ回しが行なわれたが、今度はどうなるのか？ 「フクイチ」というもうひとつ大工事現場から、労働力が消えるのではないか？

そんなさまざまな問題を提起したあと、ＳＺのブラスヒケ特派員は、二〇二〇年東京開催決定の際、ＦＡＣＥＢＯＯＫに載った、こんな短いコメントを紹介し記事を締めくくっていた。

「わたしたちのふるさとフクシマと、間もなくオリンピックが開催される東京と。そこには二つの違った世界があるように見える」

"Unsere Heimat Fukushima und Tokio, das bald die Olympiade abhalten wird, scheinen zwei verschiedene Welten zu sein."

まるでフクイチ事故がなかったかのような東京の姿と、いまなお仮設住宅が並び、多くのひとびとが落ち着き先を決められないでいる被災地の姿を目の当たりにするとき、この国にはたしかに、「トーキョー」と「フクシマ」というふたつの異なった世界があるように思える。「トーキョー」は「フクシマ」に「原発」を押し付け、そこで原子力発電される電気を消費しながら繁栄を謳歌して来た。東電はまさに「トーキョー」電力であり、フクイチはその「トーキョー」に奉仕する原発であったわけだ。

それと同じ構図が「二〇二〇年東京オリンピック」をめぐり、さらに輪をかけたかたちで再現されようとしているのではないか？

東京湾をアスリートたちが泳ぐ？

ここで再び、ヘレン・コルディコット女史に登場していただこう。彼女のトーマス・バッハＩＯＣ会長あて書簡については先ほど紹介したが、それ以上の率直さで問題を提起したことがあるので、その内容を引用しておく。

コルディコット女史は彼女自身の財団が運営する『ニュークリア・フリー・プラネット』サイトで、ブエノスアイレスで東京開催が決まった直後に、「終わりなきフクシマ破局　汚染の脅威下の二〇二〇年オリンピック（*Endless Fukushima catastrophe: 2020 Olympics under contamination threat*）」と題する抗議・警告文を発表した。(注29)

注29　ヘレン・コルディコット財団、『ニュークリア・フリー・プラネット』サイト（二〇一三年九月十六日付）

→ http://www.nuclearfreeplanet.org/articles/endless-fukushima-catastrophe-2020-olympics-under-contamination-threat.htm

この抗議・警告文はロシアのニュース専門国際英語放送、ＲＴ（ロシア・ツデー）も電子版サイトに掲載した（同年九月十五日付）。

→ http://rt.com/op-edge/fukushima-catastrophe-nuclear-olympics-883/

そのなかで女史はたとえばこう、問題を具体的なかたちで絞り込み、国際社会に問いかけたのである。

彼〔安倍首相〕は東京がすでに放射能で汚染されていることを理解していないのだろうか？　自分の政府が震災や津波による放射性瓦礫の焼却灰を東京湾に投棄していることを理解していないのだろうか？　東京湾はアスリートたちが泳ぐところではないか？

東京湾をオリンピック選手たちが泳ぐ？……そう、たしかに東京湾を泳ぐ競技種目はある。あのトライアスロンである。

そのトライアスロンの会場として予定されていたのは、港区のお台場海浜公園。ところが二〇一四年七月になって、東京都の舛添要一知事が会場変更を言い出したのだ。お台場上空が羽田空港の航空管制の空域にかかり、ヘリコプターの空撮が難しくなるなどを理由に、千葉市などへ会場を変更する可能性を示唆したのである。(注30)

しかし、航空管制空域内であることは初めからわかっていたはず。なんか変な、どこかスッキリしない舛添知事の「会場変更」発言だったが、それ以上にトライアスロンを危機にさらしているのは、やはり東京湾の深刻な放射能汚染問題である。

この問題はコルディコット女史が警鐘を鳴らしたように、オリンピックの東京開催が決まる前から国際社会ではすでに知られていたこと。

たとえば、二〇一二年一月十五日放映のNHKスペシャル「知られざる放射能汚染～海からの緊急報告～」の該当部分は、「宮城県の有志医師チーム」の手で英語字幕版に再編集され、ユーチューブにアップされる(注31)など、世界の人々の知るところとなっていた。

二〇一四年十月には、東京新聞が独協医科大の木村真三准教授（放射線衛生学）の協力を得て独自に東京湾の放射能汚染調査を実施し、「花見川（千葉市）河口では、局地的ながら一一八九ベクレルと非常に高い濃度のセシウム」を、「荒川（東京都）では一六七～三九八ベクレル、東京と神奈川県境の多摩川では八九～一三五ベクレル」を検出、「河口周辺ではかなり高い汚染が広く残っている」ことを確認している(注32)。

こうした東京湾・死の灰汚染の原因としてコルディコット女史は放射性瓦礫の焼却を挙げて

注30　産経ニュース（電子版）、「お台場計画のトライアスロン五輪会場、見直しを示唆　都知事」（二〇一四年七月三十日付）
→http://www.sankei.com/sports/news/140730/spo1407300017-n1.html

注31　ユーチューブ英語字幕版（二〇一二年十一月四日付）、Tokyo Bay Contamination More Serious than Fukushima Offing（東京湾の放射能汚染は福島沖より深刻）
→https://www.youtube.com/watch?v=t_MILM2_r4o
この英語字幕つきの編集ユーチューブ・ビデオについては、『エネニュース』の手で世界に告知され、関心ある人々に知れ渡った。

注32　東京新聞（電子版）、「福島事故放出セシウム　東京湾河口　残る汚染」（二〇一四年十月十三日付）
→http://www.tokyo-np.co.jp/article/feature/nucerror/list/CK2014101302100003.html

いたが、それだけではないだろう。フクイチ3号機の「核爆発」などによる放射能プルームの来襲、汚染された食品や水の摂取による内部被曝と対外排出など、さまざま要因が考えられる。問題は、いったん環境に放出された放射性物質は煙のように消えるわけではないことだ。フクイチ発の「死の灰」は多様なルートで首都圏に運び込まれ、人々の生活の中へ入り込み、都市排水として排出され続けている。

この「都市排水」の汚染具合は、そんな首都圏汚染の度合を計るバロメーターでもある。どれほどの汚染具合に達しているのか？

日本政府（国土交通省）が二〇一四年五月二十日に発表した、下水処理の「汚泥　核種分析結果」(注33)によると、東京・江戸川区・葛西水再生センターの汚泥は、放射性セシウム合計で三八〇〇ベクレル／kgもの汚染である。東京・立川市・錦町下水処理場で三五二〇ベクレル／kg、東京・板橋区・新河岸水再生センターで一八一〇ベクレル／kg、東京・足立区・みやぎ水再生センターでも一六六〇ベクレル／kgといった状態。

これでは東京湾の放射能汚染が進まないわけがないのである。

「核リンピック」

二〇二〇年の東京オリンピックはまだ先のことだから、この首都圏・東京湾の放射能汚染問題は一般にはまだまだ深刻に受け止められていないが、こんご開催が近づくにつれ、深刻さの度合は世界的な関心を呼ぶことになろう。

いうまでもなくオリンピックには世界各国の選手たちが出場する。ということは、出場選手が引き受けざるを得ない被曝リスクは、世界的なスケールのものになるということだ。人類的な被曝リスクに対する国際社会の懸念が広がって行くのだ。

二〇二〇年の開催前に再び大地震がフクイチを襲う可能性を「想定外」にしてはならないのはもちろんだが、選手村の食材が「基準内だから安全」ということで各国の選手団が納得してくれるかどうか、いまのうちから考えておかねばならない。

コルディコット女史のような世界中の医師たちが、医師の職業上の倫理の問題として、各国のアスリートたちに出場を見合わせるよう呼びかけたり、被曝回避・軽減策をアドバイスすることもあり得ないことではない。

いまたしかに言えることは、トリプル・メルトダウンしたフクイチ核惨事が二〇二〇年時点においても、溶融核燃料の回収のめどもつかないまま、「現在進行形の脅威」として続いている、ということである。だから、このまま東京開催を強行すれば、二〇二〇年東京オリンピックが

注33「汚泥　核種分析結果」
→http://www.mlit.go.jp/common/001045368.pdf
なお、この二〇一四年五月の国土交通省発表によると、福島市・堀河町終末処理場の汚泥はセシウム合計八万七一〇〇ベクレル／kgだった。

人類史上初の「核リンピック（Nuclear Olympics）」（コルディコット女史）になることは間違いない。

いま無理やり「核リンピック」と訳した「ニュークリア・オリンピック」を、より日本語化すれば、さきにも述べた「ヒバクリンピック」ということになる。

ヒロシマ・ナガサキの原爆犠牲者・被害者を意味する「被爆者」は、すでに「ヒバクシャ（Hibakusha）」という世界語になっているので、この「ヒバクリンピック（Hibakulympics）」も世界語化する恐れがないとはいえない。

村田光平・元スイス大使は二〇二〇年の東京オリンピック開催に愛国的な立場から懸念を表明しているひとりである。

開催決定直後、村田・元大使は英高級紙、『インディペンデント』に「健康をめぐる環境を保全できない日本にオリンピックを招待することは不道徳な（immoral）ことである。日本で『危機感の欠如』が是正されるまでは東京開催の辞退を呼びかける」と語るなど、（注34）安易な開催強行に警鐘を鳴らし続けている人だが、二〇一四年四月二十一日には安倍首相あてに書簡を送り、（注35）先のコルディコット女史のバッハＩＯＣ会長あて書簡を要約して説明し、「独立委員会の日本派遣による安全性の再調査を求めるこの動きをいつまでも無視することは出来ないと思われます」との「私見」を述べた。

また、同二十三日にはＪＯＣ（日本オリンピック委員会）の竹田恒和会長あてに、「ご高承の通りBach国際オリンピック会長にCaldicott博士の警告が届いております。東京に中立委員会が派遣され、その結果、大会中止となった場合には、日本を震撼させる大混乱が予見されます。日本の信用が一挙に地に落ちる危険性も否定できません」とする書簡を送っている。（注36）

「東京五輪」の「一九四〇年の悪夢」が、「二〇二〇年」において再現されないとはいえない。

注34　『インディペンデント』（電子版）、「日本、二〇二〇年の開催を祝賀　しかしそれは安全で用意ができているものなのか？（*Japan celebrates 2020 Olympics bid win – but is it safe and ready?*）」（二〇一三年九月八日付）
→ http://www.independent.co.uk/news/world/asia/japan-celebrates-2020-olympics-bid-win-but-is-it-safe-and-ready-8803959.html

注35　村田光平・元スイス大使の安倍首相あての書簡は、以下のサイトのブログに全文収録されている。
→ http://ameblo.jp/datsugenpatsu1208/entry-11837379521.html
なお、村田・元大使のコルディコット書簡の要約は、以下の通り。「国際社会の信頼を回復するには、事故処理に全力投球するために東京オリンピック開催を返上する。これにより国際社会での名誉の回復も果たせる。名誉ある撤退である。この決定を先送りすれば、東京の放射線量が高すぎることを理由として巨額の投資をはじめ膨大な作業を行なった後にオリンピック開催中止に追い込まれるという最悪の結果を招く可能性も排除されない」。

注36　同上。

第2章　「安心神話」

「福島の事故でがんは増えない」

その「ニュース」は、二〇一四年九月六日に、流れた。被曝地に、そして全国に流れ、視聴する人々の意識に入り込んだ。

「安心」を、「安全」を、ひたすら願う人々にとって、それは待望の「ニュース」だった（はずだ）。被曝の恐ろしさを知っていながら、それでも望みをつなごうとする人々にとって、それは救いの「ニュース」だった（はずだ）。

なにしろ「国連」という世界でも最も権威ある機関の、それも「科学委員会」というところが、太鼓判を押してくれたのだから。

「ニュース」は、「国連科学委員会」が「郡山市で説明会」を開き、「福島第一原発の事故で『がん』は増えない」と説明した、との「朗報」を伝えるものだった。

「国連科学委員会が郡山市で説明会」「福島第一原発の事故で『がん』は増えない」

女性アナンサーが登場した地元・福島のローカルTVのニュース画面に、こう断言する「見出し」が投射された。「女子アナ」は、用意されたニュース原稿を読み上げた。

福島県を訪問していた国連科学委員会のメンバーが、郡山市で説明会を開き、福島第一原発の事故で、がんは増えないとする調査結果を報告しました。

国連の科学委員会は、「福島第一原発事故で、がんの発生率は増加しない」とする調査結果をまとめています。

説明会では、チェルノブイリ原発の事故と比べ、住民の被ばくのレベルは低いとするデータなどが示されました。(注1)

前日の福島市に続く、説明会だった。地元紙、福島民報によると、「放射線の健康影響について他者に広く伝える職務に就いている人が対象。医師や薬剤師、教職員、行政担当者らが招かれた」。(注2)

注1　このテレビ・ニュースは、以下のブログによって、画像と文字起こしが残されている。「みんな楽しくHappy♡がいい♪」→http://kiikochan.blog136.fc2.com/blog-entry-3888.html

説明にあたったのは、「委員会のカールマグナス・ラーソン議長ら」。

この中で「原発事故で生涯に受ける被ばく線量は少ない」として「今後について放射線による健康影響が表れる可能性も低いと判断した」などとする報告書の内容をあらためて示しました。

「国連科学委員会」の「説明」は、福島・郡山両市の説明会で「放射線の健康影響について他者に広く伝える職務に就いている人」に対して行なわれ、それを地元のマスコミが一般の人々に対して広く報じた。

「がんは増えない」――被曝地における新たな「安心神話」が、人々の意識の中に、ダメを押すように、重層的に〝注入〟された。

そこには「国連科学委員会」の「説明」の「広報」があるだけで、「国連科学委員会」の「報告」内容そのものへの疑問や批判の影もなかった。

第五福竜丸の被曝のあとに

「国連科学委員会」――そう聞かされ、「科学」全般をとりしきる、「国連」が選んだ世界最高の頭脳集団を思い描く人は多いだろう。

しかし、これは日本のマスコミによる勝手な略称である。正式名は、「ＵＮＳＣＥＡＲ（United Nations Scientific Committee on the Effects of Atomic Radiation、原子放射線の影響に関する国連科学委員会）」。略するなら、せいぜい「国連放射線影響科学委員会」か「国連放射線科学委」程度にとどめるべきであろう。

創設は一九五五年。「人体と環境に対する放射線の影響に対する懸念の広がり（widespread concerns）に対応するため、一九五五年に国連総会の決議によって設置された」(注3)ものだ。

背景にあるのはもちろん、戦後の核開発競争に伴う、世界的な放射能汚染の深刻化である。それに対する国際社会の「懸念」の中から生まれたもの、それが「原子放射線の影響に関する国連科学委員会」であるわけだ。

この「一九五五年」の創設という点に、わたしたち日本人は特に注意する必要がある。それは、あのビキニ環礁での水爆実験に伴う第五福竜丸の悲劇が起きたのがその前年、一九五四年のことであるからだ。

注２　福島民報（電子版）二〇一四年九月七日付、「郡山で説明会　国連科学委の健康影響報告書」
→http://www.minpo.jp/news/detail/2014090717922

注３　ＵＮＳＣＥＡＲに委任された任務については、
→http://www.unscear.org/unscear/en/about_us/mandate.html

ともあれ、そうした核の懸念に応える国連の「放射線影響科学委員会」が、フクシマ被曝地に乗り込んで来て、「がんは増えない」と、人々の懸念を払拭する説明をした。このことは、ヒロシマ・ナガサキ・ビキニを経験して来た日本のわたしたちとして、決して忘れてはならないことである。かりにそれが「ためにする」説明であったとしたら、それはUNSCEARによる、被曝の民であり続けて来たわたしたちに対する裏切り以外のなにものでもない。

「国連科学委員会」はウィーンの本部から、「フクイチ核惨事」の被曝地のどまんなかへ来て、それだけ重い、重要な説明をして帰ったのである。今後とも責任が問われないわけはない。

波状的・重層的な広報・報道活動

さて、UNSCEARが東電福島第一原発事故による放射線被曝レベルと、人の健康及び動植物への影響を、科学的に評価する報告書をまとめる作業を始めたのは、二〇一一年五月。

報告書、「二〇一一年東日本大震災後の原子力事故による放射線被ばくのレベルと影響(*Levels and effects of radiation exposure to the nuclear accident after the 2011 great east-Japan earthquake and tsunami*)」がまとまり、公表されたのは三年近くが過ぎた二〇一四年四月二日のことだった。ラーソン議長ら委員会メンバーらの福島入りは、その報告書の現地説明のためだったわけである。

UNSCEARの報告書は、公表時点からすでに在京の大手マスコミによって報じられてい

た。たとえば、日経新聞（電子版）は、

……国連科学委員会は二日、「大人のがんの増加は予想していない」とする報告書を発表した。子供の甲状腺がんについては、被曝線量が定かでないため判断を見送った。動植物への影響は、福島第1原発から汚染水が放出された海域の周辺を除き「深刻な影響は観測できない」と結論づけた。[注4]

と報じ、

朝日新聞（電子版）は、

……報告書の全容がわかった。福島県民は全体的に、がんの増加は確認できないと評価した。原発三〇キロ圏内にいた当時の一歳児に限っては、甲状腺がんの増加が確認できる可能性はあるが、現在はデータが足りないために結論が出せないとした。[注5]

注4　日経新聞（電子版）、「福島原発事故、『大人のがん増加予想せず』　国連が報告書」
二〇一四年四月三日付　→ http://www.nikkei.com/article/DGXNASDG0203Y_S4A400C1CR8000/

注5　朝日新聞（電子版）、「福島県民、がん増加確認できず　国連の原発事故報告」
二〇一四年四月二日付　→ http://www.asahi.com/articles/ASG415GMXG41UGTB018.html

と報じた。

日本政府もその後、やや遅ればせながら首相官邸がホームページに、広報文を掲げ、報告の「ポイント」として、たとえば以下のように内容を要約してみせた。(注6)

《3 公衆の健康影響》
心理的・精神的な影響が最も重要だと考えられる。甲状腺がん、白血病ならびに乳がん発生率が、自然発生率と識別可能なレベルで今後増加することは予想されない。また、がん以外の健康影響(妊娠中の被ばくによる流産、周産期死亡率、先天的な影響、又は認知障害)についても、今後検出可能なレベルで増加することは予想されない。

「大人のがんの増加は予想していない」(日経)、あるいは「全体的に、がんの増加は確認できない」(朝日)、または「自然発生率と識別可能なレベルで今後増加することは予想されない」(日本政府)。

微妙な表現の違いは、その年九月に行なわれたUNSCEARの現地説明会を報じるテレビの「『がん』は増えない」報道に収斂されることになったわけだ。

フクイチの事故が起きて、被曝によるがんの増加が心配されたが、「国連科学委員会」が「『がん』は増えない」というのだから、もう心配はない。したがって被曝地でがんを発症しても、「フクイチ核惨事」による被曝とは考えにくい、考えたらいけない、考えるな、という雰囲気が、マスコミ、政府による重層的かつ波状的な広報活動・報道の繰り返しのなかで、見えない霧のように醸成された。

「国連科学委員会」の名の下に権威づけられた「説明」が、まるで新たな「安心神話」のように、人々の意識に摺《す》り込まれた。上記の朝日新聞の記事などは、「国連科学委の報告書は、原発事故に関する報告書では国際的に最も信頼されている」と、わざわざ念を押すありさまだった。

しかしそれにしても「国連科学委員会」なるものは、それほど信頼に足るものなのか？

内部からも激烈な不協和音

「国連科学委員会」ことＵＮＳＣＥＡＲが「報告書」を公表する九カ月ほど前、二〇一三年七月初めのことである。フクシマでの被曝の影響を評価する報告書「案」をめぐって、実はＵＮＳＣＥＡＲの内部から激烈な不協和音が噴き出していた。

朝日新聞のいう、ＵＮＳＣＥＡＲへの国際社会の「信頼」なるものが（これはもちろん、そう

注６　首相官邸ＨＰ、「東電福島第一原発事故に関するＵＮＳＣＥＡＲ報告について」（二〇一四年七月九日付）

→ http://www.kantei.go.jp/saigai/senmonka_g66.html

いう信頼があるとしてのことだが）、組織の内部から大きく揺らいでいたのだ。激しい内部批判が噴き出し、組織に亀裂が走ったことが、ほかならぬ委員会のメンバー国（の代表団）から暴露されていたのである。

UNSCEARのベルギー代表団は、ベルギー北部のモルにある「CEN（原子力研究センター）」や、ベルギー国内の大学研究者で構成されている。団長は、CENで放射能影響評価、および分子・細胞生物学両チームを率いるハンス・ファンマルケ（Hans Vanmarcke、フランス語表記では Hans Van Marcke）博士。(注7)

そのファンマルケ博士が、ウィーンで開かれた報告書案を協議する場から帰国するやいなや、かつて自ら会長を務めたことのある「ベルギー放射線防護委員会（ABR）」への報告の席で、怒りの〝内部告発〟を行なったのである。ファンマルケ博士は、ベルギー政府・核管理局科学評議会のメンバーも務める、放射線防護・管理の重鎮。そういう重要な立場にある人物がUNSCEARのフクシマ報告書（案）に対して、厳しい内部批判を繰り広げたとあって、ベルギー国内にとどまらず、国際的に大きな波紋を広げた。

この問題を詳しく報じたのは、ベルギーのフランス語圏向け放送局の『RTBF』(注8)だった。そのレポート、「ベルギー代表団、怒る。『フクシマの被曝の影響は過小評価されている』（*Les délégués belges indignés: "On minimise les conséquences de Fukushima"*）」は、同局の電子版サイト（フランス語）に掲載され、それが英語や日本語にも訳されて(注9)、ネットを通じ世界中に拡散した。

『ＲＴＢＦ』の報道に沿って、ファンマルケ博士らベルギー代表団が怒ったわけを見ることにしよう。

まずは、博士らの怒りは、ウィーンでのＵＮＳＣＥＡＲの討論の席で、どれほどのものだったか？

博士らがベルギーに帰国した後、なおも憤り、怒りをぶちまけたところを見ると、ウィーンの会合の場での怒りは余程のものであったと察せられるが、「ＲＴＢＦが得た情報によると会議では議論が険悪なものになり、ベルギー代表のメンバーらは、あまりにショックが大きかったことから、報告書へ署名を拒否することをちらつかせ、そのうちの何人かは会議から退席す

注7　ハンス・ファンマルケ博士のプロフィールは、ＵＮＳＣＥＡＲサイトのメンバー紹介を参照。
↓http://www.unscear.org/unscear/en/about_us/bio_h-vanmarcke.html

注8　『ＲＴＢＦ』、二〇一三年七月三日付
↓http://www.rtbf.be/info/societe/detail_les-delegues-belges-indignes-on-minimise-les-consequences-de-fukushima?id=8042566

注9　日本語訳はドイツ在住の「Ｔｏｍｏ」さんによる。彼女のブログ、「Canard Plus ♡ Tomos Blog」に掲載され拡散した。引用部分の訳は大沼訳。
↓http://vogelgarten.blogspot.de/2013/08/unscear.html
英訳はＩＰＰＮＷ（戦争防止国際医師会議）ドイツ支部のアレックス・ローゼンさん（副支部長）による。以下の、『アトミック・エイジ』（米シカゴ大学のノーマ・フィールズさんらが運営）掲載記事を参照。
↓http://lucian.uchicago.edu/blogs/atomicage/2013/08/27/unscear-members-protest-against-minimising-health-effects-of-fukushima-radiation-via-nuclear-news/

ることまで考えたほどだった（Selon nos informations, les discussions ont été si tendues et les belges ont été tellement choqués qu'ils menacent de ne pas signer le rapport et que certains pensaient même quitter la conférence.）」。

会議ではベルギーだけでなく、英国代表の専門家らからも批判が出て、オーストラリア人の議長もこれを支持したという。

これについて『ＲＴＢＦ』は、「グリーンピース」やその他の反原発団体が反発するならいざ知らず、原子力推進派の内部からこれだけ怒りの反論が出たことは衝撃的だと指摘しているが、たしかにその通りである。会議に提示された報告書案は、いわば身内の怒りを買うほどの代物だったわけだ。

『ＲＴＢＦ』によると、ＵＮＳＣＥＡＲの各国代表のなかでは、ヨーロッパの専門家はまだ低線量被曝の危険性について懸念しているという。しかし、ウィーンの会議の席では、これまで日本が情報を抱え込んでいると嘆いていたフランスのメンバーも意見を表明せず、スウェーデンやドイツからの出席者も口を噤んだ。中国がインドも反対しなかった。

チェルノブイリの知見からも後退

それでは、ベルギーの代表団がそれほど怒った理由は何か？

それは、『ＲＴＢＦ』の記事のリードにあるように、会議の場で出された報告書の案が「フクシマのカタストロフ（破局）の結果を過小評価すべく作成されたようなもの」だったからだ。そしてそれはしかも、「チェルノブイリやその他の研究から得られた知見からさえも後退した」ものだった。（注10）

ベルギー代表団が怒ったわけを、記事はさらに具体的に突っ込んで、こう書いている。ポイントを箇条書きにすると、以下のようになる。

・被曝汚染のかなりの部分が海に向かい、住民の避難も比較的速やかに行なわれるなど、日本は幸運に恵まれたが、だからといって地上への放射性物質の降下は無視できるものではない。しかも、人口三〇万の福島市、郡山市の人口密集地に降下している。

・ＵＮＳＣＥＡＲの報告書案のデータには脱落があり、提示の仕方にも問題がある。人々がどれだけ被曝したかの推定値も適切さが足りない方法で薄められている。現場の作業員たちも同様で、とくにこの点について日本政府、東電は詳細なデータの伝達を拒否し

注10 ベルギー代表団メンバーらの言明。記事原文は以下の通り。
Un rapport qui a suscité l'indignation de la délégation belge: "Tout semble fait et rédigé, disent ses membres, pour minimiser les conséquences de la catastrophe de Fukushima. On revient même en arrière sur les enseignements de Tchernobyl et d'autres études".

ている。安定ヨウ素剤も配られず、甲状腺検査も全体的に遅すぎた。そのため、現時点でUNSCEARの報告書案のように、将来、事故の影響はほとんど出ないと主張することは許されない。

・UNSCEAR報告書案の分析は、胎児や遺伝を脅かす潜在的なリスクのすべてを先験的に強制排除している。発癌リスクについても、目に見えた影響を引き起こすには被曝線量は低すぎる、としている。この仮説がベルギー代表ら多くの専門家を激怒させたわけだが、それは被曝線量の評価が適切でないことに加え、チェルノブイリでの知見やその他、数多くの研究から低線量でも健康の影響が現われ得ることが示されているからだ。こうした放射線科学の進化に、UNSCERは明らかに後戻りしている。各国代表の一部はここ数年、年間一〇〇ミリシーベルトの閾値の下ではいかなる健康被害も起きないという考えを繰り返し通そうとしているが、国際放射線防護委員会（ICRP）も、一般人は年間一ミリシーベルト、原子力産業従事者でも同二〇ミリシーベルトとの勧告を出している上、最近の研究では年間一〇～一〇〇ミリシーベルトの低線量被曝でも健康への影響がありうることが示されている。癌だけでなく、胎児への影響、遺伝の攪乱、心臓疾患、白内障も問題になっている。

・子どもたちは被曝事故が起きたとき、とくに保護・観察しなければならないが、子どもたちに関する報告を受け持ったのは、フレッド・メトラー教授率いる米国チームだった。今回の報告では、低線量被曝が子どもたちにもたらす健康被害を示す、一連の研究や発見を先験的に排除している。この点に関する欧州原子力共同体（ユーラトム）の報告書も考慮に入れていない。

・もうひとつ、無視あるいはほとんど触れられていない非常に重大な問題は、たとえば人体内での内部被曝といった特定部位への被曝継続の問題である。放射性核種が特定の場所に集まるかどうかでも違いが出るし、同じ被曝量でも場所によって影響に違いが出る。これはチェルノブイリの研究で、ベラルーシのユーリ・バンダジェフスキー博士が出した仮説とも一致する。

・低線量被曝の人間の遺伝に対する長期的な影響は世代を重ねて観察を続けなければならないので難しいが、生物を観察することで克服することができるので、すでに多くの研究が気がかりな結果を出している。にもかかわらず、報告はラットで心臓の奇形や神経の異常が出ることを突き止めたＩＲＳＮ（仏放射線防護原子力安全研究所）の重要な研究や、チェルノブイリの子どもたちの心臓トラブルに関する研究を考慮に入れていない。

――「こうした議論や科学的な疑いは、いったい、どこに行ってしまったのか」という批判が、ベルギーの代表団にはあったわけだが、これはそもそも日本のわたしたちが提起すべき疑問である。本来は、ベルギー代表の専門家が怒る前に、日本の専門家が怒るべきことではないか。

怒れるベルギー代表が名指した者たち

さて、『RTBF』の記事は、フクシマ（そしてチェルノブイリ）の被害を過小評価し、近年における、放射線防護に関するさまざまな研究によって得られた知見から後退する企ては、どこから出ているものなのか？「発生源」を以下のようにズバリ名指ししている。

それは「ロシア、ベラルーシ、アメリカ、ポーランド、アルゼンチンの専門家を主とした人脈」から生まれているもので、「彼らの多くはUNSCERだけでなくIAEAやICRPの中心人物でもある」と。

その人脈の代表人物として記事が挙げているのが、アルゼンチンのアベル・ゴンザレス氏である。氏がアルゼンチンの原子力産業界の役職も占めていることから、ベルギー代表の一人が以前、UNSCEARの会議の際、氏の「利益の混同」を書簡で指摘したことがあった。しかし批判の書簡は、議事録に記録として残されることはなかった。記載を拒否されたのである。

このゴンザレス氏と、前述の米国のメトラー教授、ロシアのベラノフ氏（元IAEA、UNSCER報告書のひとつを編集）が、何人かのポーランド人専門家とともに、低線量被曝によるネガティブな影響を断固否定するフランスのチュビアナ教授に代表される流れとダイレクトにつながっている。

そして、ＵＮＳＣＥＲやＩＡＥＡ（ＵＮＳＣＥＲの会議はウィーンのＩＡＥＡで開かれる）の事務局の戦略的に重要なポストを占めているのが、この人脈の流れだそうだ。

ベルギー代表団は、こうした人脈が主導するフクシマ報告書づくりに反発し、怒りの声を上げたわけだが、それでは、わたしたち日本の代表は、こうした人脈の見解に対し、いったいどのような態度をとったのか？

フクイチ被曝地の人々の被曝を心配するのであれば、ベルギー代表の側に立つのが本当のような気がするが、『ＲＴＢＦ』の記事は、こう報じている。

今日では日本人も、（フクイチ）破局の影響を最小限に抑えようと心配し、停止中の原発を再稼働しようとするあまり、彼ら（ゴンザレス氏やメトラー教授らの人脈）の見解を分かち合っている。

Les japonais partagent aujourd'hui ce point de vue, soucieux de limiter l'impact de la catastrophe et de relancer les réacteurs nucléaires encore à l'arrêt.

こうしてみると、ベルギー代表団が怒ったＵＮＳＣＥＲの報告書案とは、フクイチ核惨事の影響を過小評価しようとするバイアスのかかったものであり、ベルギー代表団の怒りは厳しい現実に蓋をしようとする日本の当局への怒りでもあったことがわかる。日本のマスコミが囃し立てた「国連科学委員会」の「『がん』は増えない」報告書の裏側には、こんな不協和音が被曝地への警報として響き渡っていたのである。

ちなみに、ＵＮＳＣＥＲへの日本代表の一人は、児玉和紀氏（国内対応委員会委員長）。[注11]児玉氏はフクイチ事故に際して日本政府が招集した「原子力災害専門家グループ」（山下俊一氏ら専門家八人で構成）の一員でもある。[注12]

また、首相官邸ホームページの「原子力災害専門家グループ」のページには、『ＲＴＢＦ』が取り上げた米国のメトラー教授による「日本の皆さんへのメッセージ」が掲示されている。[注13]

メトラー教授は、その中で、

・親ごさん達は、甲状腺がんは例え発見されたとしても、とても治りやすいということに心すべきです。

・皆さんは、放射線により被ばくした親から将来、生まれてくる子供への遺伝的な影響についても心配しておられます。しかし、多くの科学的研究によって、人間においてはこのような遺伝的影響は起らないようであることが示されていることにも心すべきです。

・日本には世界的に見ても一流で献身的な医師や放射線防護の研究者や慈善団体も存在します。そして彼等はここまで既にしっかりとした歩みで進んできており、今後ともみなさんを支援し続けていくでしょう。日本の皆さんには、ぜひこの事実を知り、心を安んじていただきたいと思います。

――と述べている。

原発を国策で推進し、ついにはフクイチ核惨事を引き起こした日本政府（首相官邸）のホームページを通じ、心安んじるよう被曝者たちにメッセージをおくったメトラー教授。

官邸HPはメトラー教授について、「チェルノブイリ事故を始め世界中の放射線事故での検証委員や助言組織の専門委員等を務められ、また国連科学委員会（UNSCERA）や世界保健機関（WHO）等の国際機関に永らく専門家として参画されていて、〝放射線と健康影響〟に関して世界中で最も精通されている医師の一人です」と紹介(注14)しているが、『RTBF』の記事によれば、メトラー教授は、「チェルノブイリのカタストロフの影響を過小評価したとして厳しい批判を浴び、激しい議論を巻き起こした」《チェルノブイリ・フォーラム（Chernobyl Forum,

注11　児玉和紀氏に関するUNSCERのメンバー紹介は、以下の通り。
↓http://www.unscear.org/unscear/en/about_us/bio_k-kodama.html
注12　首相官邸ホームページ「原子力災害専門家グループについて」。
↓http://www.kantei.go.jp/saigai/senmonka.html
注13　メトラー教授による「日本の皆さんへのメッセージ」（前川和彦・東大名誉教授仮訳）。
↓http://www.kantei.go.jp/saigai/senmonka_g44.html
注14　同

Forum de Tchernobyl》[注15]の報告書の著者の一人だった。

こういうＵＮＳＣＥＲ「人脈」によってフクシマ報告書はつくられた。「人脈」は日本の専門家たちを通じて日本政府の中枢につながり、その連鎖のなかで被曝地の人々の中に「安心」が注入されたのである。

ＩＰＰＮＷなどが「批判分析」

さてＵＮＳＣＥＲのフクシマ報告書は前述のように二〇一四年四月、一般に公表され、同年九月の現地説明会で福島県民に伝えられたが、ＵＮＳＣＥＲはこれに先立ち、二〇一三年十月二十五日の時点で、報告内容を年次報告書の中に盛り込み、国連総会に提出していた。そしてＵＮＳＣＥＲの動きに合わせ、実は同月十八日の時点で、ＵＮＳＣＥＲの報告内容を詳細にわたって厳しく吟味した「注解批判書（*Annotated Critique*）」[注16]が、ノーベル平和賞受賞団体（一九八五年）の「核戦争防止国際医師会議（International Physicians for the Prevention of Nuclear War：ＩＰＰＮＷ）」と、ノーベル賞共同受賞団体で同じく世界的規模で反核運動に取り組む「社会的責任を果たすための医師団（Physicians for Social Responsibility：ＰＳＲ）」を中心とする世界一三の医師団体の連名で出されていた。

日本のマスコミによって一般に報じられることのなかったこの「注解批判書」は、二〇一四年四月のＵＮＳＣＥＲ報告書の公表後の同年六月五日付で、構成を改定した英語の最終版が[原注17]

「批判分析（*Critical Analysis*）」の新タイトル下、発表されている。この最終版（以下「批判分析」）は公式の日本語訳（注18）が出ているので、その公式訳で中身を紹介する。

ＩＰＰＮＷやＰＳＲなどのＵＮＳＣＥＲ批判は、以下一〇項目の「批判の主要点」にまとめられている。

注15 「チェルノブイリ・フォーラム」は、ＩＡＥＡやＷＨＯなどが組織した研究チームで、二〇〇五年九月にチェルノブイリ原発事故二十周年に向け、被災状況をまとめた「チェルノブイリのレガシー」という報告書を発表した。

元広島大学原爆放射能医学研究所長の佐藤幸男氏は、この報告書を読んで「目を剥いた」そうだ。「ベラルーシの非汚染地区での胎児・新生児の先天異常が、汚染地区での先天異常を上回っている図が掲載されていた。記事には「現地での先天異常の増加は認められない」と書かれていた。「『こんなことはありえない』」、私は声にならない言葉を吐いて絶句した」（「チェルノブイリ原発事故による先天異常と遺伝的影響の兆し―チェルノブイリ・フォーラムの姿勢を問う」、『原子力資料情報室通信』三八七号、二〇〇六年九月一日）。

→http://www.cnic.jp/modules/news/article.php?storyid=421

注16 「注解批判書（*Annotated Critique of United Nations Scientific Committee on the Effects of Atomic Radiation*（UNSCEAR）October 2013 Fukushima Report to the UN General Assembly）」

→ http://www.ippnw.de/commonFiles/pdfs/Atomenergie/Ausfuehrlicher_Kommentar_zum_UNSCEAR_Fukushima_Bericht_2013_Englisch_.pdf

注17 「批判分析」（英語）

→http://www.fukushima-disaster.de/fileadmin/user_upload/pdf/english/Akzente_Unscear2014.pdf

注18 「批判分析」公式日本語訳、「ＵＮＳＣＥＡＲ報告書『二〇一一年東日本大震災後の原子力事故による放射線被ばくのレベルと影響』の批判的分析」

→ https://docs.google.com/file/d/0B9SfbxMt2FYxYV9QZERZRXppaTA/edit

1　UNSCERのソースターム推定値の妥当性は疑わしい
2　内部被ばく量の計算に大きな懸念がある
3　フクシマ作業員らの線量評価は信用できない
4　UNSCER報告書は、フォールアウトの人間以外の生物相への影響を無視している
5　胎芽の放射線への特別な脆弱性《ぜいじゃくせい》が考慮されていない
6　非癌疾患と遺伝的影響はUNSCERに無視されている
7　核フォールアウトと自然放射線との比較は誤解を招く
8　UNSCERのデータ解釈には疑問がある
9　政府によって取られた防護措置が誤って伝えられている
10　集団線量推計値からの結論が提示されていない

詳しくはネットで公開されている公式日本語訳を見ていただくとして、ここでは簡単な内容紹介にとどめよう。

データを取捨選択？

まずは「UNSCERのソースターム推定値の妥当性は疑わしい」についてだが、ここで

いう「ソースターム」とは、「原子力災害により放出される放射能の合計値」のこと。フクイチからどれだけの放射能が環境に放出されたか、その推定値自体の妥当性が問われているというのだから、これは重大なポイントである。放出された放射能の過小評価は、被曝による健康被害の過小評価につながりかねない。

それではUNSCERのソースターム推定は、何に依拠して行なわれたのか？

それは「日本原子力研究開発機構（JAEA）」の値に依拠したもの。

で、それがなぜ問題であるか、というと、実は「中立的な国際研究所や東京電力自体の推計値よりも……かなり低いソースターム推計値」であったことだ。(注19)

「批判分析」はさらにこう批判する。

……原子力産業との癒着および原子力安全の分野での不注意について東京電力福島原子力発電所事故調査委員会（国会事故調）により厳しく批判された日本原子力研究開発機構（JAEA）により行われたことへの言及を怠っている。JAEAは、原子力災害の影響を

注19　問題は、しかしこれだけではない。「注解批判書」は、「福島第一からの放射性粒子の放出がまだ続いているにもかかわらず、（JAEAの推計値を含め）「入手可能なソースターム推計値は事故後最初の数週間の間の放出しか考慮していないという事実」についても、UNSCERのフクシマ報告書は言及していない、と指摘している。

評価するにおいて明らかに利益相反関係にあり、この意味では中立的な情報源であると認められない。

UNSCERのフクシマ報告書とは結局このように、そもそも最初から妥当性・中立性が疑われる代物だったわけだ。

しかし「かなり低いソースターム推計値」だけが問題ではなかった。放射性物質の放出についてもうひとつ、まさにわたしたちの〈いのち〉に直結する「致命的」な欠陥があった。それはヨウ素131、セシウム137以外の、たとえばストロンチウムといったきわめて危険な核種について「不適切な省略」が行なわれていたことだ。

ストロンチウムは、カルシウムに非常に良く似ているため、経口摂取されると骨組織に蓄積し、骨髄癌や白血病を引き起こす可能性がある。ゆえに、ストロンチウムは環境有害物質として非常に影響の大きいものであり、人間の健康への影響は過去数十年での多数の核事故で示されてきている。……

放射性ストロンチウムの同位体は、ゆえに、一般大衆の放射線被ばく量の評価に含まれるべきである。しかしUNSCERはその報告書内で、「Sr-89とSr-90の地表沈着量はCs-137よりはるかに少なかったので、これらの放射性核種は本委員会の公衆被ばく量推計値に含まれなかった」と述べている。この不適切な省略は、二〇一二年五月のUNSCERの特別報告者の報告内で次のように正当化されている：「最初のストロンチウム測定値は（データ提出日の）締め切りの後に受け取られたため、（UNSCERの評価には）含まれていない」。二〇一二年五月から二〇一四年四月まで、ほぼ二年が過ぎたが、フクシマで破壊された発電所から放出された放射性ストロンチウムの健康影響は考慮されなかったことになる。同様のことが、この災害の過程で放出された二十数種類以上の、特にキセノン133やプルトニウムのような他の放射性核種にも言える。

つまり、UNSCERの報告書からはストロンチウムもプルトニウムも消えてなくなっていた！「除染」は、ここでは徹底して行なわれていたのである。

東電から受け取ったデータで

続いて「2　内部被ばく量の計算に大きな懸念がある」を見てみよう。

内部被曝の健康リスクの評価（飲食による放射性同位体の取り込みの推計値）で、UNSCERが依拠したのは、なんと「いまだに公表されていないIAEAとFAO（国連食糧農業機関）のデータベース」のデータだった。非公開データに依拠したというところに、意図的なものが感じられるが、それ以上に問題なのは、この「IAEA／FAO食物データベース」に収録されている野菜サンプルの放射能汚染レベルが、最大のものでも「ヨウ素131が五四一〇〇Bq／kg（ちなみにこれは福島県外で見つかった）で、セシウム137が四一〇〇〇Bq／kgだった」ことである。これは日本政府（文科省）の雑草／葉野菜サンプル検査の最大値と比べ、ヨウ素で四〇分の一、セシウムで六〇分の一以下という低い数値。

この文科省のデータをなぜか含まない「IAEA／FAO食物データベース」の数値を、UNSCERは評価の元にしていたのである。

文科省データは非公開の数値ではなく、同省のホームページからかんたんにアクセスできるもので、多くの文献で引用されてもいる。それに目を向けず、なぜ「IAEA／FAO食物データベース」にだけ頼るようなことをしたのか。

「批判分析」は、そうしたやり方が結果的に「内部被ばく線量評価の信用を落とし、自らの知見に選択的データサンプリングの疑惑をかけられやすくしている」としているが、「IAEA／FAO食物データベース」にはストロンチウムなど、その他の核種による汚染が含まれていないこともあり、疑惑の目で見られても仕方ない。

次の「3　フクシマ作業員らの線量評価は信用できない」でも、UNSCERが東電から「受け取ったデータのみを頼りに」していたことが指摘されている。

「批判分析」は、「東京電力には、従業員の放射線被ばく量に関する事実やデータを公表するにおいて利益相反があると仮定するのはごく自然である。日本の原子力産業には意味のある規制や監視はなく、東京電力からのデータは、過去にしばしば改ざんおよび偽造されていたことが分かっている」と批判し、「東電から提供されたデータを、予測値を算出するための代表的で妥当な根拠として受け止めるのは困難である」「この〔作業員〕集団での健康影響をおそらく過小評価している」と結論づけている。

「４　ＵＮＳＣＥＲ報告書は、フォールアウトの人間以外の生物相への影響を無視している」では、「最新の科学的野外調査」の結果が「観察内容は本委員会の評価と一致しておらず」との理由で一蹴されている点が問題視されている。

「批判分析」は「これは、チェルノブイリとフクシマからの生態学的および遺伝的研究論文が増えており、低線量率の放射線影響が、突然変異率の増加のような遺伝的損傷、鳥とほ乳類での発達異常、白内障、腫瘍や脳のサイズの減少、そして集団、生物学的コミュニティーと生態系へのさらなる傷病を生み出しているというかなりの証拠を見つけているにも関わらず、ＵＮＳＣＥＲが……〔そうした〕新知識を得ていないことを暗に示している」と、皮肉交じりに批判している。

胎児を考慮せず

そして「５　胎芽の放射線への特別な脆弱性が考慮されていない」。

これは蝶や鳥といった人間以外の生物相の問題ではなく、わたしたち人類の、それも「胎児」

に関する、きわめて重大な問題である。
UNSCERの報告書は、「本委員会は、胎児または母乳で育てられている乳児に関しては、外部被ばくと内部被ばくのどちらも他の年齢層と同様であっただろうと考え、特に区別して被ばく線量を推定していない」と述べ、「胎内の子どもの特別な脆弱性を完全に無視」している。ここでいう「胎児の特別な脆弱性」について、「批判分析」はこう指摘している。

母親が経口摂取あるいは吸入したヨウ素131は、胎児の甲状腺に蓄積し、誕生後に甲状腺疾患や甲状腺癌の発現に繋がる可能性がある。また別の放射性核種であるセシウム137は、発達しつつある胎盤を自由に通り抜けて胎芽に入り込み、さらに羊水や膀胱にも溜まり、胎内の子どもをあらゆる方向からベータ線とガンマ線で照射する。なにより重要であるのは、一定の放射線量は、小児においてよりも、胎芽においての危険性が高いということである。すなわち、胎内の子どもでは、体組織の代謝と細胞の有糸分裂率が高いため、ゲノムの突然変異の機会が増えるのである。胎内の子どもの免疫システムと細胞修復メカニズムはまだ完全に発達していないため、悪性腫瘍の発達を十分に防ぐことができない。

内部被曝した母親のおなかの赤ちゃんは、これほど重大な危険に曝されるわけだ。にもかかわらず、ＵＮＳＣＥＲは、「一歳児を恣意的に胎内の子どもを含む五歳以下の子どもの代表とする」ことで、「胎内の子どもと乳児の間の生理学的差異を否定」した。

これについて「批判分析」は、「この、特に脆弱性が高い〔胎児〕集団での健康リスクを事実上過小評価」した、と非難している。

「予防原則」に違反

次の「６　非癌疾患と遺伝的影響はＵＮＳＣＥＲに無視されている」もまた、わたしたち人間に直接関係する問題である。

にもかかわらず、ＵＮＳＣＥＲフクシマ報告書の著者たちは「医学文献で報告されている」「循環器系疾患、内分泌系および消化器系の障害、不妊症、子孫での遺伝子突然変異や流産などの非癌健康影響」を考慮に入れず、代わりに「様々なグループのいずれにおいても、確定的影響を予期しなかった」とする「ＷＨＯ／ＩＡＥＡ健康リスク評価」を引用した。

これは「リスクがあるすべての人の放射線被ばくを最小限に抑えるための広範囲の予防対策が取られるべきである」とする「国際的に認められている公衆衛生の予防原則」に反するものだ、と「批判分析」は指摘する。

この「予防原則違反」は非癌疾患の問題にとどまらず、ＵＮＳＣＥＲ報告書の全体を覆い尽くしているような印象を禁じ得ないが、ここでは「批判分析」が「非癌疾患」のうち、とくに一群の「循環器系疾患」のリスクを指摘している点を、フクイチ核惨事に否応なしに巻き込まれたわたしたち自身のいのちと健康の問題として注意することにしよう。

さて、次の「7　核フォールアウトと自然放射線との比較は誤解を招く」だが、「この比較はよく、低線量放射線の健康影響を軽視するために持ち出される」。そして「誤解を招く恐れがあるのとはまた別に、原子力災害の公衆衛生影響の系統的な過小評価に繋がる」ものでもある。「批判分析」は「放射線の中には全身に影響を与えるもの（〔自然放射能である〕地殻放射線や宇宙放射線）もあるが、経口摂取あるいは吸入された放射性粒子は特定の臓器にしか影響を与えないかもしれないと言うことを認識するのが重要である」と指摘する。

癌の発生率を予期する方法としては、自然バックグラウンドの放射線による全身線量より、特定臓器の「臓器線量」に着目にすべきであって、「放射線量と癌発症率には直接的関係があり」、その「リスク計算は、自然バックグラウンド放射線、医療被ばく、および原子力災害の結果の放射能フォールアウトすべてに当てはまる」にもかかわらず、両者を同列に論じて、「自然バックグラウンド放射線の方が安全であるとか、核フォールアウト由来の過剰放射線が自然バックグラウンド放射線の線量域に留まっていれば無害であると主張するのは科学的でない」のである。

こうなると、両者を「比較」すること自体、「誤解」を狙ったトリックではないかと思わざるを得ないが、いかがなものか。

「８　ＵＮＳＣＥＲのデータ解釈には疑問がある」もまた、わたしたちが「誤解」させられる危険性を指摘した重要なポイントである。言葉づかいのトリックに騙されてはいけない、という警告として読むべき部分である。

ＵＮＳＣＥＲフクイチ報告書の「完全版」は全二九二ページの分量だが、国連総会に提出された「エグゼクティブ・サマリー（executive summary、論点要約）」は二二ページ、「プレスリリース（報道発表）」となると、わずか一ページに過ぎない。これらを比較すると、「文章が簡潔になるにつれて、解釈がより大きな度合いの確かさを持って提示されているようにみえる」。

「批判分析」がここで言う「（データ）解釈の確かさ」を、より日本語表現に近づければ、データの読み取りが、より「断定的なものになっている」ということになろう。

その傾向がどこまで進んだかは、あのテレビのローカルニュースが告げた、「『がん』は増えない」の「断言」を思い返せば十分である。

もっとも、ＵＮＳＣＥＲとしては、日本の地元のプレスが「プレスリリース」をどう解釈して報道しようと自分たちの責任ではないと言いたいところだろうが。

さて「批判分析」によると、その「プレスリリース」の発表文には、こう書かれている。これは重要なポイントなので、英語版の原文とともに、ここに記録として残しておこう。

フクシマ原子力事故の結果の放射線被ばくによる将来の発癌率と遺伝的疾患に識別可能な変化は予期されない。そして、先天性奇形の発症率の増加は予測されない。

In its press release, UNSCEAR comes to the conclusion that “no discernible changes in future cancer rates and hereditary diseases are expected due to exposure to radiation as a result of the Fukushima nuclear accident; and , that no increases in the rates of birth defects are expected.”

「プレスリリース」はこのように、「ほとんどの人たち」が「健康影響が予期されないと理解するだろう」という言い回しでもって書かれていたのだ。しかし、この文章を注意深く読めば――とくにその「識別可能な」という条件句に着目すれば、「この結論が述べる所が、健康影響がないだろうと言うことではなく、（もしも健康影響があったとしても）一般的に用いられる疫学方法では検出できないだろうと言うことに過ぎないことを認識」できる。

ＵＮＳＣＥＲは、「誤解されるような文章で結論を表現することにより、……報告書に『スピン』をかけ」たのだ。ひねりを効かせた言い回しで、わたしたちの解釈をより断定的な方向へと、少なくとも結果的に誘導したのである。

その巧妙さ加減は、この「プレスリリース」の内容と、それに対応する「報告書（英語版）」

の箇所を比較検討することで、いっそう明らかなものになる。「報告書（英語版）」では元々、以下のようになっていたのだ。

本委員会は、『識別可能な上昇なし』という言葉を用いて、現在利用可能な方法では、疾患統計において放射線被ばくによる疾患発生率の上昇を実証できるとは予想されないことを示唆した。これは、放射線照射による疾患症例が将来過剰に発生する可能性を排除するものでないと同時に、かかる症例が発生した際に伴う苦痛を無視するものでもない。（注20）

The report itself states that "the Committee has used the phrase "no discernible increase" to express the idea that currently available methods would most likely not be able to demonstrate an increased incidence in disease statistics due to radiation exposure. This does not rule out the possibility of future excess cases or disregard the

注20　この箇所、ＵＮＳＣＥＲ自身の「先行和訳」なるものでは、以下のようになっている。（四八ページ、ＰＤＦ文書では五二ページ）
本委員会は「識別可能な上昇なし」という表現を使用し、現在利用できる方法では放射線照射による将来の疾病統計での発生率上昇を実証できるとは予想されないことを示唆した。これは、リスクはないあるいは、放射線照射による疾患の症例が今後付加的に生じる可能性を排除するものではないと同時に、特定の集団においてある種のがんの生物学的な指標が見つかる可能性を否定するものではない。さらに、かかる症例の発生に伴う苦痛を無視するものではない。
→ http://www.unscear.org/docs/reports/2013/14-02678_Report_2013_MainText_JP.pdf

suffering associated with any such cases should they occur."

この段階ではそれでもまだ、「識別可能」という用語も「現在利用可能な方法では、疾患統計において……」という意味に限定されていた。「放射線照射による疾患症例が将来過剰に発生する可能性を排除するものでない」とも明記されていた。それがどういうわけか「プレスリリース」の線まで、一気に〝後退〟したのである。これは実にゆゆしき問題と言わざるを得ない。

未来形で「変化なし」と断言

しかも、問題はそれだけではない。

いま英文と並べて紹介した「プレスリリース」の「日本語訳」は、あくまで「批判分析」の訳である。「批判分析」が、「国連広報センター」（ウィーン）が英文で発表したものを和訳したものだ。

しかし国連広報センターは同時に、日本語でのプレスリリースも行なっている。[注21] 日本のマスコミは、当然のことながら英文ではなく、その日本語版プレスリリースに依拠したものと思われるので、「批判分析」訳、および英語発表文と対比する形で、見ることにしよう。（太字強調は大沼）

▽国連広報センター・日本語プレスリリース

「福島原発事故の結果として生じた放射線被ばくにより、**今後**がんや遺伝性疾患の発生率に識別できるような変化はなく、出生時異常の増加もないと予測している」

▽「批判分析」による日本語訳

「フクシマ原子力事故の結果の放射線被ばくによる**将来の**発癌率と遺伝的疾患に識別可能な変化は予期されない。そして、先天性奇形の発症率の増加は予測されない」

▽国連広報センター・英語プレスリリース

"no discernible changes in future cancer rates and hereditary diseases are expected due to exposure to radiation as a result of the Fukushima nuclear accident; and , that no increases in the rates of birth defects are expected."

読み比べて気になるのは、国連広報センターの日本語発表の「**今後**がんや遺伝性疾患の発生率に識別できるような変化はなく」と、「批判分析」の「**将来の**発癌率と遺伝的疾患に識別可能な変化は予期されない」との間の、一見して微妙な、しかしよくよく考えると決定的な違いである。

注21　日本語版・国連広報センター・プレスリリース
→ http://www.unic.or.jp/news_press/info/7775/

国連広報センター・日本語発表を（日本語として）読めば、「**今後**……変化はなく」とは、読んで字のごとく、「今後、変化はありませんよ」という未来についての断定である。未来形で断言している。

これに対して「批判分析」の訳はあくまで「**将来**……変化は予期されない」であって、「いまの時点では変化は予期されていない」という現在形の文章である。

両者を国連広報センターの英語発表文と突き合わせると、「批判分析」の方が精確な訳であることがわかる。将来も絶対に変化しないと、将来的な変化は今の時点で予期されていませんよ、とでは意味的に大きな違いがある。

国連広報センターの日本語・プレスリリースにはしかし、英語発表文に比べて、さらに気になるところがある。それは、発表の表題に「福島での被ばくによるがんの増加は予想されない」とあることだ。これまたかなりの断言ぶりではある。

これが英文発表ではどうなっているかというと、

Increase in Cancer Unlikely following Fukushima Exposure - says UN Report

これを素直に訳せば、「フクシマの被曝を受けた癌の増加はありそうもない、と国連報告は言っている」というふうになるだろう。

「ありそうもない（Unlikely）」とはもちろん、たぶん、ないだろうなという判断を示す言葉だ。そうした微妙なニュアンスが、日本語発表文の表題では「がんの増加は予想されない」と、より断定的かつ強い口調に変わっていたのだ。

たしかに「ありそうもない」より「がんの増加は予想されない」の方が、安心感を誘う権威ある響きはするが、人のいのちと健康のかかった問題だけに、より慎重な言葉づかいをすべきではなかったか？

一般大衆には配布されなかったヨウ素剤

さて、残る「批判の主要点」は「9　政府によって取られた防護措置が誤って伝えられている」と「10　集団線量推計値からの結論が提示されていない」の二点。順に見て行こう。

まずは第九の論点だが、UNSCERは「報告書とプレスリリース内で、日本政府によって取られた防護措置を頻繁に称賛している」。

この点について「批判分析」は「日本政府の災害対策本部の多くの重大な間違いは、被災した都道府県の市民、ジャーナリスト、医師、科学者や政治家のみならず、国会事故調にも正当に批判されてきたものであり、UNSCERがその間違いを直視しないのは評価として一面的である」と指摘し、「炉心溶融直後の安定ヨウ素剤の配布状況」を、UNSCERの称賛がいかに不適切なものかのひとつの証拠として挙げている。

・（報告書の）注意深い読者でなければ、**安定ヨウ素剤は、約二〇〇〇人の緊急時対応作業従事者だけに処方され、一般大衆には処方されなかった**ことに気がつかないだろう。

・実際、国会事故調は「安定ヨウ素剤の効用および適切な投与のタイミングが分かっていたにも関わらず、政府の原子力緊急対策本部と福島県庁は、公衆に適切な指示を出すことができなかった」と結論づけた。**この重大な過失の結果、何千人もの子どもがヨウ素131に被ばくした。**

・UNSCER委員とは異なり、我々は、当局が公衆衛生と安全を最も優先しなかったという証拠に困惑している。**日本政府は、国民を守るという最大の責務を果たせなかった。**

このどこに日本政府を称賛すべき理由があるか、理解しがたい。国民を守る政府としての最大の責務を果たさなかった日本政府は非難の対象でしかないような気がするが、なかでもUNSCERの報告書に「安定ヨウ素剤が約二〇〇〇人の緊急時対応作業従事者だけに処方」されたという記述（記録）があるという点は見過ごしてはならないポイントである。

UNSCER報告書（先行和訳）の本体でこれを確かめると、こう記されている。（注22）

医療対策には、甲状腺被ばく防止のための安定ヨウ素の使用が含まれていた。事前に決められた基準に従い、ヨウ素過敏症と甲状腺の既往症状に関して医師の問診を受けた後、作業員には二〇一一年三月十三日以降、ヨウ化カリウム錠が処方された。約一万七五〇〇錠（五〇mg）が、緊急時対応作業に従事した約二〇〇〇人の作業員（東電従業員、元請業者の作業員、消防士、警察官、自衛隊員を含む）に配布された。

「緊急時対応作業」に従事する「作業員」に安定ヨウ素剤が処方・配布されたのは当然のことだが、それでは緊急時対応避難を強いられた一般住民に対しては、どうだったか？

これについてＵＮＳＣＥＲの報告書は、「３・16」の記録のなかで「二〇キロ圏内からの一般住民の避難時におけるヨウ素剤摂取に関する『助言』を発表（避難がすでに完了していたために摂

注22　先行和訳、三〇ページ（ＰＤＦ文書では四三ページ）
→http://www.unscear.org/docs/reports/2013/14-02678_Report_2013_MainText_JP.pdf
報告書（英語版）の該当箇所（六六ページ、ＰＤＦ文書では七四ページ）は以下の通り。
Medical countermeasures included the use of stable iodine for thyroid blocking. Potassium iodide tablets were prescribed to workers from 13 March 2011 onwards in accordance with previously defined criteria, and subject to them being interviewed by a physician regarding iodine hypersensitivity and any pre-existing thyroid condition. Approximately 17,500 potassium iodide tablets (50 mg) were distributed to about 2,000 workers involved in the emergency response, including TEPCO workers, contractors' workers, fire-fighters, policemen and Self-Defense Force personnel.
ところで、この英語版のＰＤＦ文書では、右の引用箇所をコピー＆ペーストで本原稿に張り付けることができたが、「先行和訳」の日本語版では、なぜか、それができなかったことを付記しておく。

取されず（注23）」と記しているだけだ。

つまり日本政府は「緊急時対応作業」に従事する「作業員」には「3・13」から処方・配布しておきながら、緊急時対応避難を強いられた一般住民については事実上、放置していたのだ。そうした国の責任放棄が続くなか、安定ヨウ素剤は三春町といわき市でのみ、住民に配布されることになる。町民、市民を守ろうとする自治体独自の判断だった。

UNSCERは、このことについても一言も触れていない。これはいったいどういうわけか？

さて三春町の場合、配布と服用の支持が行なわれたのは、「3・15」の「午後一時ごろ」。いわき市では、「3・18」に「市職員や行政嘱託員が各戸を訪問し、『指示があるまで服用しないように』とする文書に加え、口頭でも指示した上で配布した（注24）」。

ここでは三春町の二日前、いわき市の五日前に、「緊急時対応作業に従事する作業員」に対してはヨウ素剤の投与が行なわれていた事実を確認しておこう。

福島医大ではヨウ素剤を配布

もうひとつ、これに関連して記しておきたいことがある。それはヨウ素剤が配布・投与された範囲が、UNSCERのいうように、「緊急時対応作業に従事する作業員」である約二〇〇〇人に限られたものではなかったことである。

写真週刊誌の『フライデー』が二〇一四年二月に「福島医大の内部資料」に基づき、報じた(注25)ところによると、「医大は、〔福島〕県から四〇〇〇錠のヨウ素剤を入手。1号機が水素爆発した三月十二日から配り始め、多いところでは一〇〇〇錠単位で院内の各科に渡していた。しかも、医療行為を行なわない職員の家族や学生にも配布。資料には『水に溶かしてすぐに飲むように』と、服用の仕方まで明記」されていた。

これについては、河北新報も同年十月、「県は県立医大にヨウ素剤を配布し、被ばく医療に携わる医師や看護師が服用した。ところが、被ばく医療とは無関係の職員や学生、家族も服用し、『かん口令が敷かれていた』〔医大関係者〕ことが判明した」と報じている。(注26)

安定ヨウ素剤は福島県庁から福島医大には、早くも「3・12」時点から供給されていたのである。

注23　「先行和訳」、一二〇ページを参照。

注24　福島民報（電子版、二〇一二年三月五日付）、「【ヨウ素剤配布】国指示前に避難拡大　いわき、三春　独自決断」
→http://www.minpo.jp/pub/topics/jishin2011/2012/03/post_3383.html

注25　写真週刊誌『フライデー』（電子版、二〇一四年二月二十一日付）、「安定ヨウ素剤飲んでいた福島県立医大　医師たちの偽りの『安全宣言』」
→http://friday.kodansha.ne.jp/archives/8800/

注26　河北新報（電子版、二〇一四年十月四日付）、「原発事故対応　批判続く／（1）危機管理」
→http://www.kahoku.co.jp/tohokunews/201410/20141004_61011.html

疑問が湧く。いうまでもなく福島医大は地元の県立の医大である。放射能プルームから自分たちの身を守ろうとする気持ちはわかるが、ではどうして県庁に働きかけるなど、一般県民へのヨウ素配布に動かなかったのか？

いわば〝身内〟だけで服用したのは、果たして福島医大だけだったのか？　たとえば福島県庁内ではどうだったのか？

「批判の主要点」の最後は、「10　集団線量推計値からの結論が提示されていない」である。

それによると、UNSCER報告書には、推計値の基礎となった科学的なベースについては疑問があるものの、フクシマ原子力カタストロフから予期される健康への影響を理解する助けとなる「集団線量（collective doses）」の推計値は含まれている。

本来なら、この「集団線量」の推計から、どれほど癌の発症が予期されるか、説明しなければならないはずなのに、UNSCER報告書には肝心のその部分がない、というのだ。

あの「『がん』は増えない」の「ニュース」の根拠であるUNSCERのフクシマ報告書には、人々が集団で被曝した放射線量の推計はあっても、その被曝結果の予測はないというのだからコトは重大である。(注27)

「批判分析」はしかし、そうした問題の摘出にとどまらず、さらに踏み込んで行く。「おそらくほぼ過小評価であるだろう」UNSCERの集団線量推計値をもとに、なんとUNSCER

になり代わって（?）、癌の発症予測を算出しているのだ。ここではその結論部分だけ、紹介することにしよう。

ＵＮＳＣＥＲが示した「日本全国の生涯線量の集団実効線量は、四八〇〇〇人・シーベルト（Person-Sv）」。これに、米国科学アカデミーによる「電離放射線の生物学的影響（ＢＥＩＲ）Ⅶ報告」で広く受け入れられているリスク係数をかけ合わせると、今後数十年における「日本のフクシマ原子力災害による将来の癌症例の過剰発生は四三〇〇〇～一万六八〇〇〇件となり、癌死の過剰発生は二四〇〇〇～九一〇〇〇件となる」。

「系統的過小評価（systematic underestimation）」が疑われるＵＮＳＣＥＲの推定値でも、癌はこれだけ「過剰発生」するというのだ。

「批判報告」も指摘しているように、これを取るに足らない「数」と見てはならない。

「個人の観点から見れば、癌の症例はそのどれもがひとつでも多過ぎるのであり、そして我々医師は、癌がその人の身体的および精神的健康、そして家族全体の状況にもたらす悲劇的な結

注27　ことの重大さに鑑み、念のため「批判分析」英語報告書の該当部分を記録として残しておく。
The UNSCEAR report includes a number of dose estimations, which can help understand the expected health effects of the nuclear catastrophe in Japan. While the scientific basis of the calculations underlying these estimates is questionable, as was illustrated in previous chapters, it is the interpretation of the results that is most critical. UNSCEAR lists collective doses in its report, but does not explain the expected cancer cases that would result from these doses.

果を知っている。原子力災害の場合、このような癌症例の過剰発生は、予防可能であるとともに人為的に引き起こされた疾患を表すものであり、公衆衛生機関は特に注意を払うべきである」

そこにあるのは、それぞれがかけがえのない、いのちの実存の苦しみと死である。

QOL損失

「批判分析」は癌全般に続き、甲状腺癌について予測を算出している。なぜ甲状腺癌に的を絞って取り上げたか。これは以下の理由による。

甲状腺癌のトピックは主として小児の問題として扱われる。これは、子どもの放射能フォールアウトへの感受性が、遊び方や食習慣のために成人よりも比例的に高いためである。さらに、子どもの粘膜の浸透性はより高く、毎分呼吸量も多いため、フォールアウトをより多く吸収する。体組織代謝が平均より速く、有糸分裂率が高いため、体の自己調整メカニズムによって阻止される前に突然変異が悪性腫瘍に繋がってしまうチャンスが増える。子どもの免疫システムと細胞修復メカニズムはまだ完全に発達していないため、発癌を十分に防げない。最新のメタ分析では、「質的および量的な生理学的そして疫学的証拠は、乳児が癌を発症しやすいことを支持している。」ことが分かり、放射能フォールアウトに関しては、一定単位の線量における乳児の放射線リスクが成人の10倍であると推定されている。

被曝による甲状腺癌は、とりわけ感受性の強い、わたしたちの子どもの問題であるからだ。「批判分析」はさらにこう指摘する。

フクシマ原子力災害後の最初の三カ月間に、放射性ヨウ素は、牛乳、飲料水、野菜、雨水と地下水および、日本の北東部の土壌検体からも検出された。この中には、二〇一一年三月二十三日にヨウ素１３１のレベルが三万六〇〇〇Bq／㎡まで到達した東京都内の一部も含まれている。**このような状況において、日本の政府緊急対策本部が、一般大衆に安定ヨウ素剤を投与せず、多くの子どもたちを放射性ヨウ素１３１に被ばくさせた可能性があるということを思い起すのは重要である。**ＷＨＯによると、「安定ヨウ素剤は、日本でも日本以外の場所でも、一般大衆によって摂取されなかった。ゆえに、甲状腺等価線量推計値は、放射性ヨウ素の取り込みを低減させるための甲状腺ブロックをした人たちで予期されるよりも高い」と見なすことができる。

日本政府はどうやら、日本の子どもたちに対して、取り返しのつかないことをしてしまったのだ。せめて子どもたちに対してだけでも安定ヨウ素剤を投与しておけばよかったのに……。悔やまれてならない。

さて、UNSCERの推計値をもとに、「批判分析」がどんな予測を算出しているのか。UNSCERは「日本全国の生涯線量の集団甲状腺吸収線量」を「一一万二〇〇〇人・グレイ(Person-Gy)」と推計した。「この数値はおそらくほぼ系統的な過小評価を表し、実際の被ばく量はこれよりもかなり高いかもしれない」点に留意しつつ、これにリスク係数をかけ合わせ、「批判分析」が弾き出した「日本のフクシマ原子力災害による将来の甲状腺癌の過剰発生」は「一〇一六件」となった。この数値の意味するところについて「批判分析」は、以下のように解説する。

この数値が、UNSCERの言い分である甲状腺癌の「識別可能な発症率の増加」にならないとしても、我々医師にとっては、小児がほとんどであるその一〇〇〇人以上の人たちに対し、複数の炉心溶融、コーディネートされなかった避難、安定ヨウ素剤の配布の不履行、そして放射能汚染のリスクが隠蔽され続けたことが直接的結果として引き起こした甲状腺癌なのだろうということを意味する。

良い治療オプションがあるおかげで甲状腺癌の増加は比較的懸念が少ない、と原子力ロビーはしばしば主張するが、子どもとその家族へのそのような疾患の影響を少なく見積もるべきではない。必要な手術と甲状腺全摘は、心理的な影響を持つだけでなく、全身麻酔および術野が迷走神経に近い場合などの、手術前後のリスクを伴う。生涯ずっと人工甲状腺ホルモンを摂取する必要があること、フォローアップのための頻繁な医療機関での受診、血液検査、エコー検査や穿刺吸引細胞診の可能性、そして常に再発の可能性を恐れていることはすべて、個々の患者とその家族にとって大変重要な問題である。米国放射線防護測定審議会（ＮＣＰＲ）は、放射線由来の甲状腺癌の七％は致死的であると見積もっている。これは、約一〇〇〇件の甲状腺癌の過剰発生数のうち、七〇人が死亡するだろうと言うことになる。致死的でない症例でも相当な入院に至るかもしれなく、そのＱＯＬ損失は十分に評価することができないが、それもまた考慮されなければいけない。

ここで言う「ＱＯＬ損失」とは、「クオリティ・オブ・ライフ（quality of life）」、すなわち「生活の質」、いのちと人生の質が損なわれることを意味する。質が損なわれるどころか、いのちそのものが失われる可能性もある。子どもの甲状腺癌は、無視しうる数として過小評価し、蓋をしてしまっていい問題ではない。

「無関心を装えるものではない」

「批判分析」は、福島で小児甲状腺癌が多数見つかっているのは検査を徹底しているからだ、という「スクリーニング効果説」についても、トリックを暴き出すような鋭さで、以下のような否定的な見解を示している。

ＵＮＳＣＥＲは……福島県での甲状腺検査で高い割合で見つかった癌が単なるスクリーニング効果であり、スクリーニングすれば、他の小児集団でも同様の割合で癌が見つかるかのように示唆している。しかしこの記述は単に、フィンランドの剖検研究のみに基づいたもので、興味深いことに言及されている有病率は三五％ではなく二七％であり、厳密には一八歳以下の小児では臨床的な甲状腺癌の潜在癌が見つかってもいない。この事実は、スクリーニング効果仮説を否定するものであるが、ＵＮＳＣＥＲは言及していない。

以上、「批判の主要点」一〇項目について、かなり駆け足で見てきたが、「核戦争防止国際医師会議（ＩＰＰＮＷ）」や「社会的責任を果たすための医師団（ＰＳＲ）」など世界一三の医師団体の連名による「批判分析」は、以下の結論で締め括られている。

健康影響が予期されないという偽りの主張や早まった安心感は、何も福島県民の助けになっていない。福島県民は、適切な情報、健康モニタリングや支援を必要としているが、その中で何よりも必要なのは、健康と幸せを保てるような生活水準に対する権利の承認である。これこそが、フクシマ原子力災害での健康影響の評価においての指針となるべきである。

偽りの言説、ニセの安心感の摺り込みは、フクイチ被曝地の人々、とりわけ、これから自分の人生を生きて行く子どもたちに対する裏切り以外のなにものでもない。

「批判分析」には、英語版、日本語版とも、米国のケネディ大統領が、暗殺される四カ月ほど前、一九六三年の最後の夏、次のように語った警句が記されている。

骨に癌ができ、血液は白血病を患い、肺に毒が入ってしまった子どもたちや孫たちの数は、自然由来の健康被害と比べると統計的に小さいと思えるかもしれない。しかし、これは自然由来の健康被害ではない。さらに、統計的な問題でもない。人間の命が一人分でさえも失われるということ、あるいは、赤ちゃんが一人でも奇形を持って生まれてくるということは、例えその赤ちゃんが、我々が皆死んでしまったずっと後に生まれて来るかもしれなくても、我々全員にとって重要なことであるべきだ。我々の子どもたちや孫たちは、我々が無関心を装ってもよいような、単なる統計ではない。(注28)

そして、「批判分析」の日本語版にはさらに、その発表の直前になくなった「社会的責任を果たすための医師団（PSR）」の前会長、米国人医師、ジェフリー・パターソン（Jeffrey Patterson）氏の言葉が追加された。

原子力に関しては、「隠蔽・嘘・極少化」が推進側の三大柱であるのを忘れてはいけない。

「許し難い」と博士は言った

UNSCERフクシマ報告書の「『がん』は増えない」ニュースが流されてから二カ月後の二〇一四年十一月二十日、世界保健機関（WHO）でアドバイザーを務めた英国人放射線生物学者のキース・ベーヴァーストック（Keith Baverstock）博士が、東京の外国人特派員協会で記者会見を行なった。(注29)

WHOでベーヴァーストック博士は、とくにベラルーシでのチェルノブイリ原発事故後の甲状腺癌の増加をいち早く発見し、世界の注目を集め、二〇〇一年には国連チェルノブイリ原発事故調査団の一員としてベラルーシ、ロシア、ウクライナの被災状況を分析し、その結果を国連調査報告『チェルノブイリ原発事故の人体への影響：復興への戦略』（*The human consequences of the Chernobyl accident : a strategy for recovery*` The United Nations`二〇〇二年）として公表した。この分野の世界的な専門家である。

博士の記者会見については、共同通信が同日、「国連科学委報告書『信頼性低い』福島事故で専門家」との見出しで短く報じ、(注30)一部国内マスコミの電子版などに掲載されただけで、一般

注28　ケネディ大統領は一九六三年七月二十六日、米ソが限定的核実験禁止条約締結で合意したことを告げる全米向けのテレビ・ラジオ演説で、この警告を語った。
→http://www.presidentialrhetoric.com/historicspeeches/kennedy/nucleartestban.html
英語原文は以下の通り。
The number of children and grandchildren with cancer in their bones, with leukemia in their blood, or with poison in their lungs might seem statistically small to some, in comparison with natural health hazards. But this is not a natural health hazard—and it is not a statistical issue. The loss of even one human life, or the malformation of even one baby—who may be born long after we are gone—should be of concern to us all. Our children and grandchildren are not merely statistics toward which we can be indifferent.

注29　ベーヴァーストック博士の会見の模様は、『アワプラ（OurPlanet）』以下の報道（記録動画つき）を参照。
→http://www.ourplanet-tv.org/?q=node/1857

注30　共同通信の記事は、ベーヴァーストック博士について「チェルノブイリ原発事故後の一九九一年から二〇〇三年まで、ＷＨＯで放射線防護プログラムを指揮した」科学者であると報じ、
・国連科学委員会がまとめた報告書は「信頼性は非常に低い」と批判した
・報告書について、公表の時期が遅い上、不確かなデータで被ばく推計値を算出したにすぎず「国際機関としての責務を果たさず、内容は科学的でない」と述べ、手法に問題があるとの考えを示した
——と伝えた。
→http://www.47news.jp/CN/201411/CN2014111201001775.html

国民、あるいは一般の福島県民、被曝地住民の知るところとはならなかった。

ベーヴァーストック博士の会見での発言は、手厳しいものだった。国連科学委員会（UNSCER）の報告書は「タイムリーさと透明性に欠け、包括的でなく、利権から独立しておらず、科学的根拠にもとづいたリスク評価の基本的要件を満たしていない」と指摘。「科学的団体が自らの知見をこのような形で偽って伝えるのは許し難い」と厳しく批判したうえで、「現在の委員会は、解体されるべきである」とまで言い切ったのだ。

なぜ、UNSCERが解体されるべきか、博士が理由のひとつに挙げた「独立性のなさ」とは、より具体的に、どういうことか？　博士が会見の冒頭で読み上げたテキスト（日本語訳）[注31]から引用してみよう（太字強調は大沼）。

UNSCERによって作成されたような**リスク評価に不可欠なのは、その結果に利害関係を持つかもしれない人たちから独立しているということ**である。これについては、UNSCERはいくつかの理由で責務を果たしていないと言える。まず最初に、**委員のほとんどは、経済的重要性の高い原子力推進プログラムを持つ各国政府の指名制であり、これらの政府はまた、UNSCERに資金も提供している。**UNSCERが、原子力を持たず、その多くは原子力事故発生時にフォールアウトを受ける可能性がある国々（現在、国連加盟国の内、一九三カ国）を犠牲にし、後援国（現在二七カ国）の要求に応えているかもしれないという面では、UNSCERに少なくとも潜在的な利益相反があるのは明らかである。UNSCERは、委員の履歴書を公表することができるはずだ。この履歴書は、リスク評価の分野における著書リストを含み、さらに原子力産業内での雇用などの利益相反を宣言した署名付き声明文も添付されるべきである。これは、同様の状況において、米国科学アカデミーでは標準的な手順である。放射線リスク評価の分野での経験が長い自分のような人間にとって注目すべきことは、**原子力産業ロビーに批判的な声をあげてきた研究者で、UNSCER報告書の作成に関与している人がほとんどいない**、ということである。

「独立性がない」ということは、より率直な言葉づかいをすれば、そこに癒着がある、ということになる。そんな癒着の例として、博士は「核戦争防止国際医師会議（IPPNW）」や「社会的責任を果たすための医師団（PSR）」など世界一三の医師団体の「批判分析」も取り上げた、放射性物質の放出推定値（ソースターム）の問題について、こう告発する。

入手可能ないくつかのソースターム推定値の中からUNSCERが選んだのは、日本原子力研究開発機構（JAEA）が公表した推定値である。ここで、JAEAという機関が東

注31 ベーヴァーストック博士の会見テキスト（日本語訳は「放射線防護に関する市民科学者国際会議」）
→http://csrp.jp/posts/1898

京電力や、事故の結果に利権を持つ他の機関から独立しているのだろうか、という疑問が起こる。ＪＡＥＡのソースタームは、放射性物質の放出推定値の中で最も数値が低いもののひとつだった。たとえば、ＪＡＥＡの放射性セシウム１３７の放出推定値は、とある国際グループの放出推定値の六分の一である。

ベーヴァーストック博士のいうようにＵＮＳＣＥＲの報告書とは、国際原子力ロビーとの癒着をベースにした代弁でしかない代物、あるいは代弁性の強いものだったわけだ。「社会的責任を果たすための医師団（ＰＳＲ）」のジェフリー・パターソン前会長が言った、推進側の三本柱、「隠蔽・嘘・極少化」は、ここでも十分、役目を果たしたと言える。

世界の人々への背信行為？

さて博士の会見での発言でもうひとつ、注目すべきことがある。それはフクイチ事故の際、「ＩＡＥＡ（国際原子力機関）指揮下の公衆衛生防護フレームワークが失敗（the failure of the IAEA led public health protection framework）」して機能しなかった、との指摘である。

私〔ベーヴァーストック博士〕の見解では、ＵＮＳＣＥＲ報告書には、透明性が欠如している。本来なら事故直後の初期段階に最も重要であるはずの、ＩＡＥＡ指揮下の公衆衛生防護フレームワークの失敗が、報告書内で言及すらされていないからである。その緊急時防護フレームワークは、現在のＵＮＳＣＥＲ事務局長によって開発され、導かれた。彼は、国連機関のこの点での失敗がどれほど重篤（serious）なものであるかを私に認めた。ＵＮＳＣＥＲは私の見解を知っており、自分たちの管轄は放射線のレベルと放射線リスクについて報告することのみであると主張している。他の局面は政治的であり、科学的ではないとみなしている。この態度は、国連機関の利益を守っているとみなし、それを批判しなければいけないと考える意見もある。

これは重大な指摘である。日本政府が加盟するＩＡＥＡの主導下、「緊急時の公衆衛生防護フレームワーク」なるものが策定されていたのに、その実施が、最も重要な事故直後の初期段階において、失敗に終わっていたというのだ。

これは、ＩＡＥＡの公衆衛生防護フレームワークが計画通り実施されていれば、フクイチ放射能による住民被曝を回避、あるいは軽減できる可能性があったことを示唆するものと言える。

この問題についてベーヴァーストック博士は、外国人特派員協会での記者会見ではこれ以上、言及していないが、雑誌『科学』（岩波書店）のウェブサイトで無料公開された英語論文、「福島原発事故に関する『ＵＮＳＣＥＲ２０１３年報告書』に対する批判的検証（*2013 UNSCEAR Report on Fukushima : a critical appraisal*）」で、いくらか詳しく述べている。

そこでの指摘によると、フクイチ事故では「ＩＡＥＡに率いられた国際緊急対応システム(the international emergency response system, led by the IAEA)」が三日後の「３・14」まで、明らかに発動されなかった。[注32]

また、博士が事故二週間後の「３・25」に、日本政府の経産省のウェブサイトに載った飯舘村の地上線量データをまとめてみたところ、飯舘村のヨウ素１３１の地上線量は、チェルノブリイ事故の際、ベラルーシで検出された最大値の三～五倍に、セシウム１３７の最大値はチェルノブイリ事故と同等レベルに達していた。[注33]

このため博士は、その日の「記録ノート」の最後に、こう記したそうだ。

何がわたしを驚かせているかというと、依然として放射性物質の相当な放出が続いていることであり、その線量報告のいくつかは、避難区域を超えたところのものだということだ。

博士は飯舘村の避難が四月十二日になってようやく行なわれたことなどを指摘し、問題点を「事実は、放射性物質の最初の放出から少なくとも二週間にわたって、国際機関を含む当局が世界の人々に対して、放射性物質は何も放出されていないとの立場をとり続けたことである」と絞り込んだ上で、チェルノブイリ事故後、ＩＡＥＡを中心に、日本も加わって締結された「原子力事故の早期通報に関する条約（Convention on Early Notification of a Nuclear Accident）」および「原子力事故または放射線緊急事態の場合における援助に関する条約（Convention on Assistance in the Case of a Nuclear Accident or Radiological Emergency）」が予期した通り機能していたならば、ＵＮＳＣＥＲとしても「事故開始時の深刻さを否定する取り組みによる心理的・社会的影響を、おそらくはタイムリーに緩和できる立場にあり得たはずだ」[注34]と結論づけた。

ＩＡＥＡの両条約[注35]が正しく、速やかに機能していれば、ＵＮＳＣＥＲとしてもすばやく適切

注32　ベーヴァーストック論文（英語原文）の該当箇所は以下の通り。日本語訳は拙訳。
A factor（not mentioned in the report）is that the international emergency response system, led by the IAEA, apparently did not start functioning until around 14 March（according to my observations of the IAEA website at the time, three days after the accident, ……

原文はこう続いている。

……in spite of the fact that according to the report the Japanese authorities（and presumably the IAEA）were well aware of the seriousness of the accident but failed to declare a level 7 emergency（with trans-boundary implications）until 12 April, that is the highest level implying trans-boundary considerations.（日本政府は〔そしておそらくはＩＡＥＡもまた〕、四月十二日になってようやく「レベル７」の最悪なものと認めることになる事故の重大さを十分知りながら、それにもかかわらず……

注33　この部分の論文（英語原文）該当箇所は次の通り。
Even later on 25 March I summarised the ground deposition values reported on the MEXT website（Japanese Government）for the Iitate region. I noted that the values for 131I were up to 3 to 5 times the maximum depositions recorded after Chernobyl in Belarus and 137Cs level ranged from 0.5 to 1 times Chernobyl levels.

な対応をして、日本の人々の、あの政府宣伝――「ただちに影響はない」を信じた無用な被曝を回避・軽減することができたかも知れない、というわけである。

博士の指摘するように、両条約のうち、とくに後者の「援助条約」は、フクイチのような原子力事故が起きた際、ただちに「24／7／365（二十四時間年中）」無休の「緊急時調整センター」がウィーンのIAEA本部に置かれ、国際的な連携の中で、世界の人々への周知を図りながら、対応策をとると規定している。

このなかに、博士が東京の外国人特派員協会で語った「緊急時の公衆衛生防護フレームワーク」も含まれ、UNSCERとして期待される貢献もあったはずである。

しかし、フクイチ事故では国際条約で定められた、この「IAEAに率いられた国際緊急対応システム」が事故後三日間も動き出さず、それればかりか、最初の放射性物質の放出から少なくとも二週間にわたって、日本政府や国際機関は、（日本を含む）世界の人々（world public）に対して、放射性物質は何も放出されていないとの立場をとり続けていたのだ。

日本政府はつまり、国内ばかりか世界中の人々に対し、背信行為を犯したという疑惑が、ベーヴァーストック博士によって提起されたわけだ。

この点は今後、徹底した解明作業が必要だが、この関連でいま思い出されるのは、IAEAの飯舘村に対する「幻の避難勧告」のことである。

村内のほとんどがフクイチの「三〇キロ圏」外に位置する飯舘村が「計画的避難地域」に指

定されたのは、二〇一一年四月二十二日のこと。

ところが三週間以上も前の同三月三十日に、ＩＡＥＡのデニス・フローリー次長がウィーンの本部で記者会見を開き、飯館村について「私たちの最初の評価によると、ＩＡＥＡの避難勧奨基準のひとつを超えている。状況を注意深く評価するよう日本側にアドバイスした」と語り、事実上の避難勧告ともいえる警告を行なっていた（注36）。

にもかかわらず、日本政府はそのままズルズル事態を放置し続けていたのである。

注34　この部分の論文（英語）原文は以下の通り。
Had the above Conventions functioned as envisaged, UNSCEAR should have been in a position to …
…possibly in time to mitigate any psychosocial effect caused by the attempts to deny the severity of the accident at the outset.

注35　両条約については、ＩＡＥＡの以下のサイトを参照。
→http://www-ns.iaea.org/conventions/emergency.asp?s=6&l=38

注36　ロイター（ウィーン発、二〇一一年三月三十日付）、「ＩＡＥＡ、日本の村の被曝を懸念（*IAEA concerned about radiation in Japan village*）」
→http://www.reuters.com/article/2011/03/30/japan-nuclear-village-idUSWEA182620110330
これは記録としての重要性に鑑み、以下に記事の原文（英語）を引用する。
(Reuters) - The International Atomic Energy Agency has told Japan that radiation levels recorded at a village near a stricken nuclear reactor are over recommended levels, a senior IAEA official said on Wednesday.
Iitate village lies 40 km（25 miles）northwest of the nuclear plant.
"The first assessment indicates that one of the IAEA operational criteria for evacuation is exceeded in Iitate village," IAEA official Denis Flory told a news conference.

これは、ＩＡＥＡのフレームワークが失敗した実例のひとつではないだろうか?

そうだとすると、ＩＡＥＡの被曝から公衆を防護する枠組みは、日本政府の勧告無視でもって、少なくともその一角が崩れ落ちたことになる。

これは由々しきことである。今からでも遅くはない。日本の報道機関はぜひとも事実の解明に取り組んでもらいたいものである。

第3章　白い雪

井戸川克隆・双葉町長〔当時〕は見た。そして、それを頭から被った。

二〇一一年三月十二日午後三時半過ぎ、「ズン」と音がした。「ああ、とうとう起きてしまった」と思った。

1号機の爆発――。そしてその数分後に、空から白いものが、まるで雪のように頭上に降り注いだ。

「それは、それは不思議な光景」

井戸川町長は、ジャーナリストの烏賀陽弘道さんのインタビューに応え、その時の模様をこう語った。(注1)

それは、それは、不思議な光景だった。

……ぼたん雪のように降ってきた。「大きなものはこれぐらいあった」と町長は親指と人差し指でマルをつくった。

その時、双葉厚生病院の山岸一昭事務局次長も外にいた。双葉高校のグラウンドにいた。重症の患者を病院からグラウンドまで車で移し、自衛隊の救援ヘリを待っていた。

……そんな時、大きな爆発音が響き渡った。

双葉高グラウンドにいた同病院の山岸一昭事務局次長（五十）は南東方向の空に白い煙が上がるのを見た。

午後3時36分、1号機原子炉建屋の水素爆発。

間もなく、空から白いあられのようなものが降ってきた。

「ヘリはまだか」。山岸さんは、おびえながら願うしかなかった。(注2)

山岸事務局次長が見た「白いあられのような」ものと、井戸川町長の頭上に降り注いだ「ぼたん雪」のようなものは、表現が違うだけで同じものだ。

爆発が起きて間もなく、同じ空から降って来たわけだから、東電福島第一原子力発電所の1号機由来のものであることも間違いない。

双葉町は、「フクイチ」の1~4号機が立地する大熊町の北隣り。「3・11」で辛うじて「無事」だった5号機と6号機は、この双葉町に立地する。(注3)

これは当時の爆発時の撮影映像で確認されていることだが、1号機からの「白い爆雲」は北へ、双葉町の市街地方向へ、向かった。

「白いあられのようなもの」「ぼたん雪のようなもの」は、この爆雲がもたらしたものであることも、これまた間違いない。

溶融した原子炉から放出された放射能を含んだ「白いあられ」「ぼたん雪」――。

それらが「放射性降下物」を含むものであることも確かなことだが、その「正体」が何なのか、いまなお、まったく分かっていない。日本政府の調査が行なわれた気配もない。(注4)

日本政府が責任ある当事者として、事故原因の究明、事故の全体像の解明に熱心であれば、早速、現地に入り、双葉高校のグラウンドを調査したはずだ。地表に降り積もり、一部は土壌

注1 鳥賀陽弘道さんのツイッター報告(二〇一二年二月十二日付)
→http://togetter.com/li/256190
注2 河北新報〈「神話の果てに 東北から問う原子力」第二部「迷走」4「原発から4キロ、双葉厚生病院の苦闘/災害弱者、置き去り〉(二〇一二年四月二十二日付)
→http://www.kahoku.co.jp/spe/spe_sys1098/20120423_02.htm

に沈着しているはずの「白いもの」を回収し、それが何なのか、今ごろとっくに、分析結果を明らかにしているはずだ。

完黙——完全なる黙秘。

これはいったい、どうしたことか？　春の淡雪のように〝消えた〟「白いもの」とはいったい、何だったか？

その正体に迫る前に、それが双葉町だけに降ったものではないことを確認しておこう。

郡山・開成山球場の「雪のようなチリ」

「白いもの」は、郡山市にも降っていた。郡山市在住の「naotosouta」さんの、ツイッター証言(注5)によると、こうだ。

去年の確か3月14日だと思うのですが郡山市の開成山球場では雪のような細かいチリが降りました。このチリは溶けませんでした。一体なんだったのでしょうか。不思議な経験でした。

「確か3月14日」ということで日時はややハッキリしないが、「白いもの」がフクイチから西へ約五〇キロ離れた郡山市でも目撃されていたことは、重要な記録である。「白いもの」は事故現場から四キロしか離れていない双葉町だけでなく、相当、広い範囲で降り注いでいたことになる。
この証言でもうひとつ重要なのは、球場に降った「雪のように細かいチリ」が、「溶けないもの」であった、と報告されている点だ。「naotosouta」さんは、貴重な観察結果を残してくれた。それは「雪」のようであったが雪ではなく「溶けない細かいチリ」だった、と。

注3　5号機については、それが果たして完全に「無事」だったか、疑問が指摘されている。
独自に開発した画像解析技術を持つ、名古屋市在住の岩田清さんによると、「3・11」当時のフクイチ現場で撮影された写真の中に、「5号機タービン建屋の、二本の排気管開放口の両方から」「白煙」が出ているものがあった。岩田さんは「と云う事は建屋内は白煙で充満？　原子炉から配管経由で流れて来た？」と疑問を提起している。
岩田清さん、「ふくいちを裁く」
→http://yoshi-tex.com/Fuku1/_%20110311Tsunami.htm
岩田さんはまた、民放定点カメラが撮影した「3・11」当日の映像のなかに、「5号機原子炉建屋の換気用煙突から、余震で黒煙が噴出」している場面があることを画像解析で突き止めている。
→https://www.facebook.com/kiyoshi.iwata/posts/732141166870543
東電は二〇一四年六月末、「4号機の使用済み核燃料プール」からの燃料取り出し作業で、未使用燃料一八〇体の移送先を当初予定していた別棟の共用プールではなく、6号機原子炉建屋内のプールに変更した。
共同通信（同三十日付）→http://www.47news.jp/47topics/e/254859.php
5号機ではなく、6号機への移送先の変更は、5号機におけるなんらかの異常事態の発生を物語るものかも知れない。

注4　日本政府が秘密裏に調査を行なったどうかは分からない。少なくとも、関係者からの聴取など公然たる調査が行なわれなかったのは、確かなことだ。

注5　二〇一二年四月十八日付　→http://twitter.com/#!/ibarakinoumi

「溶けない、白い雪のようなチリ」――この証言の意味の重大さについては後述することとして、ここでは、もうひとつ別の重要な目撃証言を紹介することにしよう。

こんどの証言は、「白いもの」ではなく「銀色」のものが降ったという目撃談だ。

南相馬には「銀色の雨」

南相馬市は、東電福島第一原子力発電所の北方に位置する。南隣りは浪江町。浪江町は5、6号機が立地する双葉町のすぐ北に位置する。

その南相馬にも二〇一一年三月十三日午後、同じように異様なものが降り注いでいた。「銀色のキラキラしたもの」が――。

同市の大山こういち市議のブログ報告(注6)によると、同年七月二十四日付の『南相馬ひばり新聞』(注7)に、当時七十六歳の女性による、以下のように克明な証言記録が残されていた。

同紙によると、この女性は同年六月十一日、自分の息子さんにこう語った。

地震の次の日の夕方3時過ぎかしら…病院に薬をもらいに行こうと思って歩いてたら、突然どぉーーんって音がして、何かしら? と思ったんだけど、そのまま歩いてたのよ。そしたらしばらくして銀色のキラキラしたものが降り出したっていうか漂い出して、それが今考えると原発の塵だったのね、辺り一面キラキラしてた。なんか繊維質のようなものだったわねぇ。あたし確実に被曝してるわよ。

女性はまた、息子さんに、その後、以下のようなメモを手渡している。

なんだろう、このキラキラしたものは
絹針のような　針の粉のような
空中を泳ぐものは
吸いこんでしまっても
いいのだろうか
口の中がカラカラする
魚群のように空中いっぱい泳いでいたものが
音も無く落ちてくる
水色、白、銀色、変な風と共に
目の中にも入って来る
陽光とまじわって金色にもみえる

注６　大山こういち・南相馬市議のブログ　→ http://mak55.exblog.jp/15774594/
注７　『南相馬ひばり新聞』　→ http://hibari-times.com/archives/89

なんだろう

息子さんはまた南相馬に戻ったとき、従姉妹からも同じように「銀色の雨が降ったのよ」と聞かされたそうだ――。

大山市議は以上、『南相馬ひばり新聞』の記事を紹介したあと、当時を振り返り、ブログにこう書いている。


あの時、この「絹針」の話は　確かに複数聞きました。

私自身は、ギラギラと太陽を中心に、光の輪環は良く見ていました。

光り輝くような空気感と言ったらいいか、乾燥した季節でもありますが、やたらとキラキラして景色が見えるようでした。

当時、私の解釈としては「放出され冷却された物質の結晶ではないか?」と、同僚議員にこたえていました。

また当時、よく「(腕などの)肌がヒリヒリする。」と、敏感な人、複数が言っていました。


南相馬に降った「銀色の雨」「絹針」「針の粉」とは何か? 大山市議が当時、「放出され冷却された物質の結晶ではないか?」と解釈したという「銀色の雨」は、双葉町や郡山市で目撃された「白いもの」と、果たして同じものなのか、別物か？
南相馬の女性は、銀色の「キラキラしたもの」が「白」にも（水色にも金色にも）見えたと証言しているが、「銀色の雨」には、双葉町に降り注いだ「白いもの」も混じっていた、ということか？

同じものかどうか、あるいか、さまざまなものが入り混じり、降り注いだかはともかく、出所が同じであることは確かである。双葉町に降り注いだものも、郡山市の球場に降ったものも、南相馬市に降り注いだものも、事故を起こした――いや、単なる「事故」を超えた、史上空前の「フクイチ核惨事」の爆心――東電福島第一原子力発電所から放出されたものであることは間違いない。

そして、目撃した日時からみて、双葉町、南相馬市に降り注いだものは、フクイチの「1号機」の爆発による放出によるものであることも間違いない（郡山市のものは、「3・14」に爆発した「3号機」からの放出の可能性が残る）。

「1号機の建屋の中は、地震で真っ白になった」

それでは、その1号機で、「3・11」の大地震後、何が起きていたか？「フクイチ核惨事」において、最初に爆発した1号機で、「白いもの」（あるいは銀色にも水色にも金色にも見えたもの）の放出に関連しそうな異常な事態は、何ひとつ、観察されていなかったか？

この問いに対する答えは……実は、観察されていた！（目撃されていた！）——である。双葉町、南相馬市に降ったものと同一なものであるかは別として、「3・11」当日、1号機建屋内で、すでに「白いもの」は目撃されていた。

目撃していたのは、その日、1号機の建屋内で手すりの取り付け工事をしていた浪江町の鉄工所経営、八島貞之さんである。八島さんはNHKスペシャル、「故郷か移住か～原発避難者たちの決断～」（二〇一二年三月二十四日放映）の取材に対して、こう証言した。

もの凄い揺れで、コンクリートの切れ目の粉のようなものが降って来て、何だか分からないけれども、中は真っ白でした。(注8)

1号機の建屋は地震直後に、早くも「コンクリートの粉のようなもので、中は真っ白」になっていたのだ。

そうすると、翌三月十二日、1号機の爆発のあとに双葉町に降った「白いもの」「白い雪」「ぼたん雪」とは、八島さんが前日、地震直後に建屋内で見た「真っ白い」「コンクリートの粉のようなもの」である可能性が浮上する。

そして、かりにそうだとすると、建屋内の「コンクリートの粉のようなもの」が、1号機の爆発・飛散により、放射性物質を付着し、放射能を帯びた状態で、双葉町を——双葉町の井戸川町長らを襲った、との説明が一応、成り立つ。

しかしその説明も、十分に説得的である、とは言い難い。

たしかに、その可能性は大ありだとしても、それでは南相馬市に降り注いだ「銀色の雨」「絹針」はどうなるのか、という疑問が直ちに提起されるからだ。「銀の絹針」と「コンクリートの粉のようなもの」では質感が違う……。

「放射性アスベスト」？

それにしても地震直後に、早くも1号機の建屋内に充満していた「真っ白な」「コンクリートの粉のようなもの」とは何なのか？　それは、空から降り注いだ「白いもの」「銀色の雨」と同じものか、別物か？

八島貞之さんによって目撃された「コンクリートの粉のようなもの」について、陶芸家でもある大山こういち市議は、「恐らく、コンクリートのひび割れに発生する『白華現象』と呼ばれるもの。コンクリ成分のカルシウムが水や湿気により表面に溶けだし、灰色のコンクリートの

注8　NHKスペシャル、「故郷か移住か～原発避難者たちの決断～」。映像は以下のサイトで観ることができる。
→http://www.at-douga.com/?p=5165
八島貞之さんの証言は、開始八分二十五秒過ぎから。八島さんは、新聞紙面のフクイチ俯瞰写真の「1号機」を指差しながら、当時を振り返っている。

上で白く目立つようになり、粉をふいたような軽くやわらかいカルシウム（ライン引きの石灰）固体」との見方を示している。(注9)

この推定にもとづけば、1号機の建屋内に地震後、充満した「真っ白な」ものは、激しい揺れでもってひび割れを起こしたコンクリート面から噴き出したカルシウムということになる。

しかし大山市議は慎重に断定を避けながら、同じブログ記事の中で以下のように、コンクリ・カルシウム以外の可能性についても言及している。

原子炉建屋内のアスベストまたはロックウール吹きつけが、揺れの長い地震の振動で、砕け落ちるのではなく、細かなひび割れにより、アスベストまたはロックウール(注10)とバインダー剤(注11)（くっつけ固める糊剤）が細かな粉となって建屋内に充満する程、漂ったのかもしれない。

たしかにアスベスト（石綿）が「真っ白な」ものに含まれていたとしたら、南相馬市で見られた「銀色の雨」「絹針」を説明することもできそうな気がする。

しかし、大山市議が指摘するように、東電が福島第一原子力発電所などについてまとめた「建物及び設備の主な石綿使用状況」(注12)には、「建屋」に関する記載がなく、建屋内でアスベスト（石綿）の吹き付けがどれだけ行なわれていたか、ハッキリしない。

言うまでもなく、アスベストは肺癌を引き起こす危険きわまりない物質。それがさらに放射能を帯びて、よりいっそう致命的な「放射性アスベスト」に変わり、生活環境へ降り注いで、地元の人びとの呼吸器に取り込まれていたとしたら、ことは重大だ。

日本政府（厚生労働省）には、「フクイチ核惨事」に伴い、周辺地域に降った「白い雪」「銀色の雨」の正体を徹底究明し、健康被害の防止にあたる国民保護義務があるのではないか！

双葉町や南相馬市などに降った「白い雪」や「銀色の雨」の成分が何であろうと――コンクリ・カルシウムであろうとアスベストであろうと、あるいはロックウールであろうと――そのすべてが入り混じったものであろうと、あるいはまた、それ以外の成分が含まれたものであろうと、ここではっきり、確認しておかねばならないことがひとつある。それは、そのいずれもがフクイチから放出された「死の灰」まじりのものであった、ということだ。

「フクイチ核惨事」では「死の灰」が、人びとの上に、降った、降り注いだ！　人びとは「死の灰」を浴びて、確実に被曝した！　日本政府から何の警告もされずに、知らない間に「死の灰」を浴びて被曝した！

注9　→http://mak55.exblog.jp/15774594/
注10　アスベスト　石綿。天然に産出する鉱物繊維。結晶質。
注11　ロックウール　岩綿。人造の鉱物繊維で非結晶質。石綿（アスベスト）の数十倍から数百倍の大きさで、呼吸器には入りにくいとされている。
注12　→http://www.tepco.co.jp/cc/pressroom/111104a.pdf

このことは、決して忘れてはならない事実である。今後、想定されるさまざまな被曝症状の責任を問うためにも、絶対に記録しておくべき事実である。

第5福竜丸にも降り注いだ「白い雪」

「フクイチ核惨事」に伴う「死の灰・被曝」は、わたしたち日本人の「核の受難史」に刻まれるべき、通算・四度目——戦後としては二度目の悲劇だ。ヒロシマ・ナガサキは戦争末期——戦時中のことだが、一つ前、三度目の悲劇は、一九五四年三月一日、南太平洋の洋上で起きていた。

言うまでもなく米国のビキニ水爆実験で「死の灰」を浴びた、洋上被曝の「第五福竜丸」事件。

そのときも、静岡県焼津港を母港とするマグロ漁船員らの上に「死の灰」が「白い雪」のように降り注いだ。双葉町の井戸川町長らが、同じような「白い雪」を頭から被ってしまう、五十七年前の出来事である。

「死の灰」の恐ろしさを知るために、第五福竜丸の洋上被曝の模様を、ここで思い返しておきたい。以下に紹介するのは、事件の五年後、一九五九年二月に公開された、新藤兼人監督のドキュメンタリー映画、『第五福竜丸』の該当場面のシナリオである。シナリオではあるが、つくり話ではない。新藤兼人監督以下のスタッフが、焼津の旅館に泊まり込み、乗組員たちと合宿して事情を聞くなどして「事実通りにシナリオを書き」（新藤監督）、同じ型のマグロ漁船を使って撮影した場面を再現したものだ。

上部デッキ
見島漁労長、じっと天測している。その頬にさっと閃光がさす。
……
久保山（愛吉・無線長）……とび出る。
見島、時計を見る。
（午前）三時四五分。
……
西の水平線
火の柱が宙天にのぼり、雲をまきおこしている。
（中略）
中央甲板
誰かが不安に堪えられないようにとん狂な声を出す。
「西から太陽があがった」
すると他の独りが震えながら叫ぶ。

「ばっか野郎、お天とうさんが西から上がってたまるけェ」

（八分後、爆風が到着、はげしく揺さぶられる。西の空にキノコ状の原子雲、しだいに大きくひろがる。「ピカドンだ」）

西の空
……
しだいに灰色の不気味な雲がひろがり、福竜丸を追うようにのびてくる。

中央甲板
白い灰が降ってくる。

「なんだ雪か」

「なんだ、そりゃ、南洋で雪は降るめえな」

「おかしなもんが降ってきやがったなあ」

「塩かもしんねえぞ」

「なんだあ、こりゃ」

「灰かも知んねえぞ」

「あれ？　足跡がつくじゃん」

久保山無線長
「何だろう？」

見島漁労長と顔を見合わせながら、右手の甲の灰を舐める――

それは「悪魔の化身」

長々と引用してしまった。しかし、それにはふたつの理由がある。

ひとつは、この場面が、わたしたちがいま、「フクイチ核惨事」の「死の灰・被曝」問題を考えるとき、どうしても思い返しておかねばならない、わたしたちの生きる「核の時代」の「真実の時」であるからだ。

井戸川町長らの被曝受難も、第五福竜丸乗組員らの洋上被曝のこのありさまを知れば、その深刻な事態の意味を、より強く、より痛切に、受け止めることができるのではないか？

双葉町や南相馬市、あるいは郡山市の人びとの上にも、「死の灰」は同じように「おかしなもん」として降ったのだ。それが何だか確かめようと、同じように手の甲に乗せ、舐めて見た人も、あるいはいたかも知れない……。

二つ目の理由は、とくに双葉町に降り注いだ「白い雪」との類似性を、あらためて確認するためである。第五福竜丸との類似性をみることで、東電福島第一原子力発電所から放出された「死の灰」の正体に近づくことができるかも知れない――そんな予想もあって引用したわけだ。

第五福竜丸に降った「死の灰」について、被曝の生き証人として、いまなお反核の証言活動をしている大石又七《またしち》さんは、その最初の著書、『死の灰を背負って――私の人生を変えた第五福竜丸』（一九九一年、新潮社）で、ビキニ海域で船上に降った「小さな白い粉」について「二ミリにも満たないサンゴ礁のかけら」だった、と記している。（注13）

第五福竜丸を襲った「ビキニの死の灰」は、水爆実験で上空に噴き上げられた環礁のサンゴの粉である、という説は当時も今も、ほとんど定説のようになっている。「ブラボー」と名付けられた水爆の爆発で吹き込んだサンゴの破片——蒸発したサンゴのカルシウムの再結晶体ではないか、という見方だ。（注14）

これに基づくと、双葉町などに降った「白い雪」「白いもの」「白いチリ」は、（「3・11」当日、地震後に1号機建屋内に充満していた）コンクリ・カルシウムではないか、との見方が有力になって来るが、「運び屋」はなんであれ、問題はそこに、さまざまな放射性核種を含んだ「死の灰」が含まれていたことである。それを単にたとえば「カルシウムでした」と言って済ませることはできない。媒体はあくまで媒体。脇役は脇役。主役は放射性物質であるわけだ。

この点については大石又七さんご自身も深く認識されているようで、第二の著書、『ビキニ事件の真実』（二〇〇三年、みすず書房）では、こう表現している。

……音もなく忍び寄ったこの白い物体こそ、化学が生みだした悪魔の化身だった。（注15）

わたしには大石さんの、この「（核）化学が生みだした悪魔の化身」という表現の方が、より本質に迫るものとして、むしろ説得的だ。

「水と接触」の共通点

「フクイチ核惨事」二周年を前にした二〇一三年三月九日、世界的な科学誌『サイエンス（*Science*）』の電子版に、東電福島第一原子力発電所から放出された「悪魔の化身」の正体のつかみどころのなさを思わせる、こんな論文が掲載された。

注13　同書、一〇頁。

注14　たとえば、Colonel Derek L. Duke, *CHASING LOOSE NUKES*（二〇〇九年、アマゾン・キンドル版）参照。
→ http://www.amazon.com/Chasing-Loose-Nukes-ABANDONED-ebook/dp/B001P3P85I/ref=sr_1_1?ie=UTF8&s=books&qid=1241417336&sr=1-1
そこには、こう書かれている。「（降り注いだ）白い粉は、蒸発したサンゴが降り注いだもので、主にカルシウムから成る（The white powder was primarily calcium precipitated from vaporized coral.）」
http://www.fdungan.com/duke.htm

注15　同書二五頁。
　大石さんはまた、同書で「死の灰」を浴びたときの模様と「白い粉」の材質について、こう記している。二五〜二六頁。
　……気がつくと、白い粉が雨に混じっている。「何だ、これは……」と思っているうちに雨は止み、白い粉だけになった。まるでみぞれが降るのと同じだ。そしてデッキの上に白く積もり、足跡がつくようになっていた。（中略）粉には危険は何も感じなかった。熱くもないし臭いもない。なめても砂のようにジャリジャリして味もない。ただ……目の中にたくさん入り、チクチクと刺すように痛く、真っ赤になった目をこすりながら辛い作業を続けた……

米ノートルダム大学のピーター・バーンズさんらによる、「原子炉事故における核燃料（*Nuclear Fuel in a Reactor Accident*）」。リード（アブストラクト）の部分に、こんな記述があった。

とくに核燃料が水と接触したあと、放射性核種がどのような割合で放出されるかを予測する精密な基本モデルは現在、限られている。事故の進行中、そして事故後に、化学的・放射的・熱的な極限状況下、核燃料がどのように溶融し、放射性核種が放出されるかは、あまり知られていない。

Currently, accurate fundamental models for the prediction of release rates of radionuclides from fuel, especially in contact with water, after an accident remain limited. Relatively little is known about fuel corrosion and radionuclide release under the extreme chemical, radiation, and thermal conditions during and subsequent to a nuclear accident.

核燃料が溶融した「地獄の釜」のような事故炉から、いったいどんな「悪魔の化身」が現れるのか、実はまだ、よく分かっていない現状を指摘した記述だが、とくに注目されるのは「水と接触したあと」どう変身するか予測困難性が増大するとしている点である。

「水との接触」——第五福竜丸に「白い雪」を降らせた、米国の「ブラボー」水爆実験は、たしかに「(海) 水」と接触した核爆発だった。

「水と核燃料の接触」——それはフクイチの核惨事でも、起きていた(はずの)ことだったならば、1号機の爆発で双葉町などに降り注いだ「白い雪」も、ビキニ環礁で起きたのと同様、水との接触で出現した「悪魔の化身」ではなかったか? 同じ「悪魔の化身」、「同じ死の灰」ではなかったか?

「脱毛」「鼻血」……そして「入院」

ビキニ海域で被曝したマグロ漁船、第五福竜丸には二三人が乗り込んでいた。被曝の生き証人である大石又七さんによると、二〇一一年までに一四人が肝臓癌などで亡くなっている。「死の灰」をかぶった半年後、「急性放射能症」で死亡した久保山愛吉さん(無線長)は、最初の被曝の犠牲者だった。ほかに三人が癌との闘いを続けている。(注16)

そして大石さん自身も闘病中の一人である。

大石さんは実は、久保山愛吉無線長とは国立東京第二病院の(なんと)「311号室」で一緒だった。その後、無事退院し、東京・世田谷でクリーニング店を営みながら、被曝の恐怖を訴

注16　大石又七著、『矛盾　ビキニ事件、平和運動の原点』(二〇一一年、武蔵野書房)二四二〜二四四頁。

え続けて来た。

大石さんは二〇一一年の「3・11」のあと、こう書いている。(注17)

……何の因果か太平洋上でマグロ漁をしていてその悪魔に取り付かれ、一生を台無しにしてしまった。そして乗組員の半数……が、家族を残して内部被曝で苦しみながら早々と死んでいった。

例にたがわず、俺も最初に授かった子どもは奇形児で死産。仲間たちと同じように肝臓ガンで死の淵をさまよった。……

だが、平和どころかその原発が今、牙をむいている。……

科学者や指導者たち自身も、原発は安全で安心だという幻想をいつしか信じてしまい、国民に言い続けてきた。これこそが重大な風評被害だといえる。

……自分たちの行なった方針の間違いでたくさんの命が失われ苦しんでいる。責任を感じるなら溜め込んだ財産や資産は苦しんでいる人たちの前に差し出し、頭を下げて仮設住宅に入り、発電所の中で陣頭指揮を取るのがすじではないのか。

1号機からの「白い雪」を浴びた、双葉町の井戸川克隆町長は、鼻血に苦しみ、「胸から下、すね毛まで毛が抜けてつるつるになった」。「銭湯で隣に座ったじいさんが『おい、女みたいに

すべすべになっているぞ』というので気づいた」そうだ。「体毛がないと肌着がくっついて気持ちが悪い」と。(注18)

その井戸川町長が「頭が重い」など体調不良を訴え、郡山市の病院に入院したのは、二〇一三年一月二十日のことだ。(注19)

退院後の同月二十三日には、「町民の皆さんに（町政について）理解されなかった」として、町議会に辞意を伝えた。(注20)

井戸川さんは、双葉町域の放射線量が高く、帰還を急ぐと、住民の健康を守れないとして、中間貯蔵施設設置や警戒区域再編など国の方針に反対を表明。埼玉県加須市に避難・移転した町役場機能の福島県内復帰を求める町議会とも対立した。

二〇一二年十二月、町議会が三度目の不信任決議案を可決すると、議会を解散。

辞任表明の翌日、二〇一三年一月二十四日告示の町議選は、前職八人の無投票当選が確実で、

注17　同書、「あとがき」。

注18　二〇一二年二月十二日、ジャーナリストの烏賀陽弘道さんのインタビューにこたえて。
→ http://togetter.com/li/256190

注19　同日付、毎日新聞（ヤフー電子版掲載記事）
→ http://headlines.yahoo.co.jp/hl?a=20130120-00000033-mai-soci

注20　同日付、毎日新聞（ヤフー電子版掲載記事）
→ http://headlines.yahoo.co.jp/hl?a=20130123-00000094-mai-soci

新議会が再び不信任決議をすれば自動的に失職する状況にあった。

そんな井戸川さんの擁護に、第五福竜丸の大石又七さんや、ヒロシマの「被曝医師」、肥田舜太郎氏らも加わる「市民と科学者の内部被曝問題研究会（内部被曝研）」が立ち上がっていた。

町長不信任案を可決した町議会に対して、沢田昭二・理事長（名古屋大学名誉教授）名で「意見書」(注21)を送付し、以下のように「撤回」を求めた。


井戸川町長の復興大臣平野氏（当時）と環境省への質問状への答えは、政府と環境省が無策であり、ビジョンもなく、ただ中間貯蔵施設建設を押しつけ、線量限度の適用がない施設だとして、またその周辺に住民を帰還させて、国際原子力機関ＩＡＥＡの担当者でさえ効果がないとする「除染」だけしか対策を上げていないという事実が明らかになりました。……

日本全域の住民にとっても、これが政府・環境省の実態だという認識と、危機感を新たにさせられたという意味で、井戸川町長のご努力は称讃に値します。

この町長にどのような理由で不信任決議をなさるのか、双葉町議会は日本全域の住民に対しても明確にする責任があると思います。自民党総裁安倍氏は原発の再稼働および新規建設まで公言しており、今後、大きな地震の予想が発表されたばかりの時に、事故防止策さえない現状で、第二第三の福島原発事故が起こる可能性があること、事故後の処理案がないこと、福島原発からは二年近くたつ今でも膨大な量の放射線が放出され続け、双葉町民が心配されていますように、4号機が次の地震で崩壊する可能性があり、そうなれば、日本全土どころか韓国・中国まで大きな汚染に見舞われると世界の専門家が考えている等々を考えますと、双葉町議会の行動は日本全域および世界にまで影響を及ぼすでしょう。
　このような理由から、町長の不信任決議を撤回され、まずは町民の命と健康を優先するご判断をなされることを心からお願いしたいと存じます。

井戸川さんは、被曝地の自治体の長の中で最も激しく、国と闘った人だ。全町民六二〇〇人のうち、一二〇〇人が井戸川さんとともに、埼玉県さいたま市中央区の「さいたまスーパーアリーナ」へ避難したあと、加須市にある廃校舎施設（旧・埼玉県立騎西高等学校校舎）へ再移動した。
町民を引き連れ、安全な地に逃れ、被曝のない「約束の地」を目指した、妥協のない井戸川さんの姿は、旧約聖書の「出エジプト記」に出てくる「モーゼ」のようでもあった。(注22)
自ら被曝し、町民のさらなる被曝を気遣う井戸川さんを――六〇〇〇の双葉町民を、「出フクシマ」の流浪の旅へ追いやった「フクイチ核惨事」。

注21 → http://www.acsir.org/info.php?29

その残酷な門出の上に降り注いだものこそ、あの「悪魔の化身」のような、1号機からの「白い雪」だった。

もし、わたしたちに「フクイチ核惨事」から学ぶべき「フクシマの十戒」というものがあるとすれば、「汝、死の灰を降らせるなかれ！」こそ、その第一に掲げられるべきものではないか。

注22

たとえば、日経新聞（電子版）、「放射能と原発避難の福島・双葉町長（震災取材ブログ特別編）」（二〇一二年五月二十九日付）の記事には、こうある。

「仮の町」を求めて歩む井戸川町長の姿は、どこか旧約聖書の「出エジプト記」を思い起こさせる。預言者モーゼに連れられてエジプトを脱出したアブラハムの子孫たちが約束の地「カナン」にたどり着くのは四〇年後だった。双葉町はどこにたどり着くのか。福島のがれき問題は原発避難自治体の問題でもあり、双葉町民の行き着く先に福島県の復興の命運がかかる。井戸川町長の「約束の地」はいつ見つかるのだろう。

→ http://www.nikkei.com/news/print-article/?R_FLG=0&bf=0&ng=DGXNASFB26009_Y2A520C1000000&uah=DF030620116480

第4章　洋上被曝

「金属味の雪が……」

「雪」は陸上に降っただけではなかった。ビキニ海域で「第五福竜丸」の上に降りしきったように、フクイチ沖の洋上にも降り注いだ。

そしてその洋上に――フクイチ放射能プルームをまともに受ける風下の海域に、米海軍の原子力航空母艦、「ロナルド・レーガン」がいた。

当時の模様を、女性水兵のリンゼイ・クーパー（Lindsay Cooper）さんは『ニューヨーク・ポスト』紙にこう証言している。

わたしは〔同僚のクルーとともに、吹き曝しの〕飛行甲板に立っていました。そのとき、わたしたちは突然、ナマ暖かい気団に包まれたような感じがしました。そして突然、雪が降り始めたのです。

わたしたちは、こんなジョークを飛ばしました。「ヘイ、放射能の雪だぜ」――わたしはその場面を写真とビデオに撮影しました。(注1)

――

ポスト紙によれば、「雪」は「金属の味のする雪(metallic-tasting snow)」だった。それが「雪嵐(snow-storm)」となって、甲板上の水兵らの顔や口に降りかかった。舐めたら、そんな味がした。

これは別にリンゼイ・クーパーさんだけが味わった感覚ではない。その場に居合わせた同僚の水兵たちも、「金属味がした」と証言している。

そのときはもちろん、その「金属味」がどれほど怖いものなのか、クーパーさんらは気付いていなかった。だから、「放射能雪だぜ」などとジョークを飛ばしながら雪玉をこしらえ、時ならぬ雪合戦に興じたという。危険だから止めろと警告されるまで――。(注2)

「金属味のする雪」――これもすでに見たように「第五福竜丸」乗組員たちが経験していたことでもある。一九五四年三月一日、南太平洋で起きた悲劇が、五十七年の時を経て、北太平洋の日本列島北部海域で繰り返されたわけである。

1号機爆発プルームが直撃

「ロナルド・レーガン」はカリフォルニア州サンディエゴ（コロナド軍港）を母港とする、米海軍第七艦隊所属の原子力空母である。米韓共同演習に参加するため、同空母を中心とする第7空母打撃群は、韓国周辺海域に向け航行中、「3・11」と遭遇し、急遽、震災被災地の救援活動にあたった。

注1　『ニューヨーク・ポスト』、「海軍の水兵らが日本の救助活動後に被曝症状（*Navy sailors have radiation sickness after Japan rescue*）」（二〇一三年十二月二十二日付）
→http://nypost.com/2013/12/22/70-navy-sailors-left-sickened-by-radiation-after-japan-rescue/
Navy sailor Lindsay Cooper knew something was wrong when billows of metallic-tasting snow began drifting over USS Ronald Reagan.
"I was standing on the flight deck, and we felt this warm gust of air, and, suddenly, it was snowing," Cooper recalled of the day in March 2011 when she and scores of crewmates watched a sudden storm blow toward them from the tsunami-torn coast of Fukushima, Japan.
"We joked about it: 'Hey, it's radioactive snow!'" Cooper recalled. "I took pictures and video."

注2　『ロシアの声（*Voice of Russia*）』、「フクシマで被曝したアメリカの水兵たちが裁判所へ提訴（*American sailors exposed to radiation at Fukushima take issue to court*）」（二〇一四年一月十四日付）
→http://voiceofrussia.com/us/2014_01_15/American-sailors-exposed-to-radiation-at-Fukushima-take-issue-to-court-8455/
According to Lindsay Cooper who was on the deck, it started to snow and then she tasted this metallic taste in her mouth, and so did the others. And they were having snow ball fights and joking around about it, until they were warned that it was radioactive and they should not be doing that.

「ロナルド・レーガン」の航海日誌は明らかにされていない。したがって救援活動を行なった現場海域をタイムラインでピンポイントすることはできない。しかし大体の日時は分かっている。

テンプル大学ジャパンのカイル・クリーブランド（Kyle Cleveland）准教授の調査によれば、「ロナルド・レーガン」は「福島沖に留まる（parked off the coast of Fukushima）」なかで、「三月十二日の1号機爆発による放射能プルーム（雲）」に巻き込まれて被曝した。「ロナルド・レーガン」の乗員たちは、陸上の被曝者たち——つまり風下に立たされた一般住民らを除けば、「フクイチ核惨事」の最初の被曝者となった。(注3)

1号機爆発は三月十二日午後三時半過ぎの出来事。したがって「ロナルド・レーガン」は、すくなくとも同時刻過ぎの、それほど時間が経過していない段階で「福島沖」に到達していたわけだ。「ロナルド・レーガン」が1号機爆発による放射能プルームに巻き込まれて洋上被曝したことは、ニューヨーク・タイムズの以下の報道によっても明らかだ。

米政府当局者が日曜日に語ったところによると、ペンタゴン（米国防総省）は、太平洋を航海中の空母「ロナルド・レーガン」が、日本の事故原発からの放射能雲（radioactive cloud）の中を通過した（passed through）ことを発表するものとみられる。(注4)

この電子版掲載の記事は、同紙の著名な軍事記者、ウイリアム・ブロード記者によるものだが、記事本文に書かれた「日曜日」とは（米東部標準時・夏時間の）三月十三日のこと。日米の時差（十三時間）を考えれば、この「米政府当局者」の言明は、日本時間の十二日中にも行なわれた可能性がある。

注3　カイル・クリーブランド、「アジア太平洋ジャーナル・ジャパン・フォーカス（*The Asia-Pacific Journal: Japan Focus*）」、「核に纏わる疑念を動員　福島原発危機と不確実性の政治学（*Mobilizing Nuclear Bias : The Fukushima Nuclear Crisis and the Politics of Uncertainty*）」（二〇一四年五月十八日、改訂版）

→http://japanfocus.org/-Kyle-Cleveland/4116

With the Sendai airport rendered inoperable by the tsunami, the U.S. Navy's Ronald Reagan aircraft carrier group, parked off the coast of Fukushima, served as a fueling platform and staging area for tsunami relief, at which time military personnel were exposed to radiation emanating from the reactors.

As the wind was blowing out to sea for the first couple of days after the onset of the crisis, aside from local communities near the Daiichi facility, servicemen on this nuclear powered aircraft carrier were among the first to be exposed to the radiation plume from the explosion of the Reactor 1 building on March 12.

注4　ニューヨーク・タイムズ、「海軍の乗員らが放射能に被曝したとされるが、当局者は米国内でのリスクは微小と言明（*Military Crew Said to Be Exposed to Radiation, but Officials Call Risk in U.S. Slight*）」（二〇一一年三月十三日付）

→http://www.nytimes.com/2011/03/14/world/asia/14plume.html?_r=2&ref=asia&

The Pentagon was expected to announce that the aircraft carrier Ronald Reagan, which is sailing in the Pacific, passed through a radioactive cloud from stricken nuclear reactors in Japan, causing crew members on deck to receive a month's worth of radiation in about an hour, government officials said Sunday.

したがって同記者の報道は、十二日午後の1号機爆発による「放射能雲で洋上被曝した」とするクリーブランド准教授による、その後、三年近くにわたる調査結果と矛盾するものではなく、それどころか、それを確証するものであると言えるだろう。

二マイル（三・二キロ）まで接近

さて「ロナルド・レーガン」は、フクイチ放射能プルームを浴びたとき、どれほど海岸線に接近していたのだろうか。同空母はまた、どのようなタイミングで1号機爆発によるプルームを浴びたのか。

これについても、水兵たちが貴重な証言を残している。（注5）

それによると「ロナルド・レーガン」は1号機が爆発した後に――爆発する前にではなく、爆発した後に、海岸線からなんと約二マイル（三・六キロ）まで接近していた。（注6）

ということは――「ロナルド・レーガン」は、1号機爆発の重大な意味を知らず（あるいは、知らされず）、救援活動のため急行した海域で、洋上被曝したわけである。

「福島沖」の海岸線から二マイルのポイントは、必ずしもフクイチの炉心から直線距離で二マイルを意味しないが、至近距離で洋上被曝したことは動かぬ事実であろう。

もしかしたら「ロナルド・レーガン」は、とりあえず二マイル沖合の海域でいったん停泊したところで――そういう不運なタイミングで、1号機爆発による放射能プルームの直撃を受けたのかも知れない。

以上、「ロナルド・レーガン」の水兵たちの上に「放射能雪」が降りしきった当時の模様と、それに至る同空母の動きを見てきたが、それは主に水兵たちの「証言」に基づくものである。

ではなぜ、水兵たちは証言したのか。

それは言うまでもなく被曝した彼・彼女らが、サンディエゴの連邦裁判所に損害賠償を求める裁判を起こしているからだ。詳細な証言で訴えているからだ。そうした被曝水兵らの証言がなければ——彼・彼女らが裁判に訴え出なければ、フクイチ核惨事に伴う洋上被曝の問題は闇に葬り去られたことだろう。

裁判は八人の闘いで始まった

最初は八人による訴えだった。

注5　米カリフォルニア州の地元紙、『オレンジ・カウンティー・レジスター』、「裁判、フクシマ核惨事が米水兵らを毒まみれに（*Lawsuit: Fukushima disaster poisoned U.S. sailors*）」（二〇一四年四月九日付）
→http://www.ocregister.com/articles/radiation-608614-tepco-navy.html

注6　同　該当する記事原文は以下の通り。
"Before the USS Ronald Reagan and Carrier Strike Group 7 arrived 2 miles off the coast, Fukushima Unit 1 blew up," says a federal lawsuit filed on behalf of the sailors.

サンディエゴの連邦裁判所への提訴は、二〇一二年十二月二十一日のこと。それを最初に――二十六日になって速報したのは、米国の訴訟専門メディアの『コートハウス・ニュース・サービス（CN）』だった。(注7)

CNの報道によって、訴えの中身を見てみよう。

まず原告の八人だが、このうち六人は先に紹介したリンゼイ・クーパーさん同様、「ロナルド・レーガン」の甲板クルーで、残る二人は航空部門の所属である。

一方、訴えられた側は東電。原告八人は、東電を相手どって訴訟を起こしたのだが、その訴えは日本政府をも断罪するものだった。

訴状には、こう書かれていた。

被告の東電、そして日本政府は両者の利益を推進するため、自ら発した情報が不完全かつ誤りであることを知りながら、米空母「ロナルド・レーガン」で任務を遂行していた原告らに対し、それが異常なリスクがあることを明らかにせず、とりわけ福島第一原発から漏洩した放射能の量について、原告らに対して何の脅威もないかのように思わせる幻惑的な印象をつくりだすため示し合わせて行動した。(注8)

つまり、日本政府は東電とグルになって被曝リスクを隠し、結果的に原告らを被曝させたという主張である。原告団は、日本政府に対する批判をさらにこう続ける。

……日本政府は米空母「ロナルド・レーガン」に対して……あるいは／そして、その乗組員らに対して、放射能汚染の危険はないと主張し続けた。「すべてはコントロール下にある」「すべてはOK。わたしたちを信じて」「ただちに危険はない」、あるいは人のいのちに脅威はないと言い続けた。福島第一原発の原子炉がメルトダウンを起こしているにもかかわらず、嘘をつき通した。(注9)

注7　『コートハウス・ニュース・サービス』、「米水兵ら、フクシマで日本を提訴（*U.S. Sailors Sue Japan Over Fukushima*）」、（二〇一二年十二月二十六日付）
→http://www.courthousenews.com/2012/12/26/53414.htm

注8　訴状の該当部分（原文）は、以下の通り。
Defendant TEPCO and the government of Japan, conspired and acted in concert, among other things, to create an illusory impression that the extent of the radiation that had leaked from the site of the FNPP was at levels that would not pose a threat to the plaintiffs, in order to promote its interests and those of the government of Japan, knowing that the information it disseminated was defective, incomplete and untrue, while omitting to disclose the extraordinary risks posed to the plaintiffs who were carrying out their assigned duties aboard the U.S.S. Ronald Reagan.

注9　同　……the Japanese government kept representing that there was no danger of radiation contamination to the U.S.S. Reagan ... and/or its crew, that 'everything is under control,' 'all is OK, you can trust us,' and there is 'no immediate danger' or threat to human life, all the while lying through their teeth about the reactor meltdowns at FNPP.

日本政府は「ただちに危険はない……」などと言って嘘をつき通したと、水兵らは訴えたのである。おかげで巻き添えを食って洋上で被曝した、と。

東電に対する請求額は、一人一〇〇〇万ドルの損害賠償と、三〇〇〇万ドルの懲罰的損害賠償金。これに加えて、将来の診察・治療費のため、一億ドルの医療基金の創設を求めた。

二三九人の闘いに拡大

以上が、CNが速報した訴えの概要である。（訴状そのものは、そのPDFファイルが、米軍の準機関紙『星条旗』紙の電子版、二〇一二年十二月二十七日付に掲載された（注10））

この第一報に続き、米国内では年末から翌（二〇一三）年の年明けにかけ、ワシントン・ポスト、ウォールストリート・ジャーナルなど主要メディアが次々に報じることになった。

では日本には、どんな伝わり方をしたか？

たとえば、ニューヨーク発（二〇一二年十二月二十七日発）の共同通信・特電（神戸新聞掲載）は、以下のように報じた。（注11）

【ニューヨーク共同】東日本大震災後、三陸沖に派遣された米原子力空母ロナルド・レーガンの乗組員八人が二十七日までに、東京電力福島第1原発事故の影響が正確に伝えられず被ばくし健康被害を受けたとして、同社を相手に計一億一千万ドル（計約九四億円）の損害賠償を求める訴えをカリフォルニア州サンディエゴの米連邦地裁に起こした。米メディアが伝えた。

乗組員らは、……搭載機が発着する飛行甲板などで作業していた。東電によると、事故収束作業をめぐり、海外の裁判所で同社が訴えられたケースはないという。

実にそっけない記事である。

どうしてこうした「雑報」扱いになったか首をかしげるが、このとき日本のマスコミが、この訴訟がやがて、原告が二三九人（注12）（二〇一四年十二月初め現在）にも達する集団訴訟（クラス・アクション）に変貌することを知っていたなら、取り上げ方も違っていたかもしれない。

注10　訴状のＰＤＦファイル
↓http://www.stripes.com/polopoly_fs/1.202195!/menu/standard/file/TEPCO_COMPLAINT.pdf

注11　神戸新聞、「米兵『被ばく』東電に94億請求　８人、連邦地裁に提訴」
↓http://www.kobe-np.co.jp/news/zenkoku/compact/201212/0005630384.shtml

注12　『アワプラ（*OurPlanet*）』、「トモダチ作戦２名が死亡～東電訴訟、本格弁論へ」（二〇一四年十二月四日付）での「原子力空母の横須賀母港問題を考える市民の会」共同代表の呉東正彦弁護士の発言。
↓http://www.ourplanet-tv.org/?q=node/1863

いったん却下、再提訴

さてここで、この訴えのその後の経過を見ておくことにしよう。これは、サンディエゴの地元紙、『サンディエゴ・ユニオン・トリビューン』紙（二〇一三年十二月十八日付）の記事。[注13]

裁判官は（二〇一三年）十一月二十六日、日本政府の不正行為の司法判断は〈連邦裁判所の〉権限外として、訴えを却下した。

日本政府が東電とグルになって隠蔽工作したあおりを食い、被曝してしまったという、日本の政府当局者を指弾する部分の司法判断を、連邦裁判所の権限外として、訴えを退ける判断を示した。

提訴後、一年近く経ってからの、訴え却下――。

東電も日本政府も――なかでも日本政府当局者はホッと胸を撫で下ろしたことだろう。これで洋上被曝の事実を隠し通せるし賠償金を支払わなくて済むと本音部分で思ったかも知れない。

しかし、そうは問屋が卸さなかった。

サンディエゴ連邦裁判所の女性判事（ジャニス・サマルチノ裁判官）は、「日本政府の共謀」部分を除外すれば再提訴できるとの判断を示したのだ。これを受けて原告側は、東電に的を絞ったかたちでの再提訴に動き出す。

この時点で原告数は五一人。提訴当初の八人の七倍近くにも膨れ上がっており、被曝被害がそれだけの広がりを見せている以上、裁判所側としても訴えを全面却下するわけには行かなかったに違いない。

サンディエゴ連邦裁判所に、東電を被告とした被曝水兵らによる再提訴が行なわれたのは、「３・11」二周年の翌日、二〇一三年三月十二日。

米軍準機関紙、『星条旗』紙の報道によると、再提訴の訴状にはたとえば以下のような原告側主張が書かれていた。

これに関連する全ての時間において被告〔東電〕は、原告ら〔被曝水兵〕、及び米海軍、当局者に対して、福島第一原発の施設〔の損壊状態〕、検出された放射線のレベルに関し、警告すべきところを警告しなかった。(注14)

これはもっともな言い分である。その気があれば東電は米国の東京大使館などを通じ、いくらでも米側に連絡できたはずだ。東電が首相官邸などに懸念を伝えていれば、米側にもすぐ伝

注13　*RADIATION SUIT DISMISSED, BUT ATTORNEY SET TO FILE AGAIN*
→http://www.utsandiego.com/news/2013/dec/18/tp-radiation-suit-dismissed-but-attorney-set-to/

わったはずである。

それはともかく、訴状の中から「日本政府の共謀」部分が抜け落ちたことで、再提訴の原告側主張の組み立ては、むしろ単純明快なものになった、といえるかも知れない。

女性判事、日本への裁判移管を拒否

この再提訴でもサンディエゴ連邦裁は、(これは裁判手続きに関する一件ではあるが)東電の訴えを退けた。
再提訴の法廷で東電は、根本的に政治の問題(fundamentally political questions)」である件について裁判所は判断を下せないとする「政治問題原則(the political question doctrine)」を盾に、審理の中断と裁判の日本への移管を求めた。
これに対してジャニス・サマルチノ判事は、「日本での裁判も十分な選択肢だが、公私の利益バランスを考えれば、米国の裁判所で審理する方がより都合がよいと考えられる」と、サンディエゴの法廷での実質審理入りを自ら宣言したのだ。(注15)
サマルチノ判事は同年二月に水兵ら原告団が再提訴した新たな訴え(注16)の有効性についても、以下のような判断を示した。(注17)
原告団の修正した訴状は、東電の過失が被曝被害をもたらしたことを訴えるものとしては十分なものである。米海軍が津波災害後の人道支援で原告たちを現場に派遣したことが、被曝の原因ではない。

　不適切に設計・維持された原発による結果として、原発の近隣にる人々が被曝の影響をこうむることは予見可能なことである。同様に、米海軍がこうしたシナリオのなかで登場することは予見可能だった（Likewise, the Navy's presence in this scenario was foreseeable.）。

注14　『星条旗（*Stars & Stripes*）』紙、「フクシマ惨事における被曝訴訟が拡大（*Lawsuit expands over radiation exposure during Fukushima disaster*）」（二〇一三年三月十五日付）
→ http://www.stripes.com/news/lawsuit-expands-over-radiation-exposure-during-fukushima-disaster-1.211889

　At all relevant times herein, the defendant failed to warn the plaintiffs, the U.S. Navy and public officials of the properties and actual levels of radiation detected at the [plant] at that time.

注15　ブルームバーグ、「水兵たちは被曝被害で東電を米国において裁判にかけることができる（*Sailors Can Sue Tepco in U.S. Over Radiation, Judge Says*）」（二〇一四年十月三十一日付）
→ http://www.bloomberg.com/news/2014-10-30/sailors-can-sue-tepco-in-u-s-over-radiation-judge-says.html

注16　前掲のブルームバーグの報道によると、原告団は再提訴の訴えで、「未特定の額の損害賠償のほかに、健康管理と医療費に充てる一〇億ドルを超える基金の創設」を求めている。原告団の最初の訴えでは、「一人あたり、それぞれ一〇〇〇万ドルの損害賠償と三〇〇〇万ドルの懲罰的損害賠償金。これに加えて将来の診察・治療費のための一億ドルの医療基金の創設」を求めていた。

注17　米国の訴訟専門メディア、*Law360*、「東電は水兵たちの一〇億ドル・フクシマ訴訟から逃げることはできない（*Tepco Can't Escape Sailors' $1B Fukushima Suit*）」（同二十九日付）
→ http://www.law360.com/environmental/articles/591323

自然災害のあと、外国の軍や援助活動家が被災地周辺に現れるだろうことは予見可能だった。

それだけではなかった。『星条旗』紙によれば、判事はさらに、原告団に対して、フクイチ原発を製造したGE、東芝、日立などの企業も被告に加えることができるとの判断を示したのである。(注18)

「神様、ありがとう！！！！！」

米軍人に広く読まれている『星条旗』紙の記事は、前出のリンゼイ・クーパーさんが、サンディエゴでの裁判続行の知らせを聞いて、「神様、ありがとう〈THANK GOD!!!!!〉」と叫んだことも伝えている。

空母「ロナルド・レーガン」の甲板上で放射能の雪嵐に巻き込まれた、あのリンゼイ・クーパーさんが、そう叫んだ。『星条旗』の記者が、〈THANK GOD!!!!!〉と、全部大文字で、感嘆符を五つも付けて書くほど叫んだのだ。

それはシングルマザーでもある彼女の被曝症状を考えれば、いかにも当然の叫びだった。

クーパーさんは、その後、体重が減り、甲状腺や消化器にも異常が起きていた。偏頭痛にも悩まされるようになっていた。「わたしは前のわたしじゃない。わたしの体は海軍にいたときと同じじゃなくなった(注19)」。

原告団に参加して東電を訴えている、女性水兵のキム・ギーセキング（Kim Gieseking）さんも、「髪の毛がごっそり抜けたこともある」など被曝症状に苦しんでいる一人。背中に激痛を感じ、病院で検査の結果、脊柱が膨張していることが分かったという。[注20]

また、同じく女性乗員のジャミー・プリム（Jamie Plym）さんは慢性気管支炎と出血に苦しんでいるが、「ロナルド・レーガン」の同僚で、婚約相手のモーリス・エニスさん（Maurice Enis）も「体中に妙なシコリ（strange lumps all over his body）」が広がり、検査の結果、放射能の被曝によるものとわかった。[注21]

さらに、原告団の弁護士によれば、ある匿名の女性水兵の場合は、彼女自身癌を発症したほか、最近になって先天性欠損（障害）の赤ちゃんを産んだそうだ。[注22]

こうした二〇〇人を超す、「トモダチ作戦」で被曝した原告団の水兵（兵士）たちにとって、リ

注18　『星条旗』紙、「判事は判断を示した、水兵たちの被曝集団訴訟は審理を進めることができる（*Judge : Sailors' class-action suit can proceed over alleged radiation exposure*）」（同三十一日付）
→ http://www.stripes.com/news/judge-sailors-class-action-suit-can-proceed-over-alleged-radiation-exposure-1.311088#.VFJiV-yzLoE.twitter

注19　リンゼイ・クーパーさん、米テレビ『ＮＢＣ７サンディエゴ』（二〇一二年十二月二十九日付）での発言
→ http://www.nbcsandiego.com/news/local/US-sailors-sue-Japanese-utility-over-radiation-185092741.html

注20　キム・ギーセキングさん、米紙『ネイビー・タイムズ』（二〇一三年一月八日付）での発言
→ http://archive.navytimes.com/prime/2013/01/PRIME-navy-radiation-lawsuit-japan-sailors-nuclear-disaster-010813/

ンゼイ・クーパーさんの「神様、ありがとう」は、彼・彼女ら全員の心の叫び声であったことは間違いない。

「仙台沖」に二日間とどまり離脱、二九〇キロ離れた三陸沖へ

さて、韓国沖合へ向け航行中、「3・11」に遭遇し、そのまま「トモダチ作戦」に参加し、被災地の救援活動にあたった「ロナルド・レーガン」のその後の航跡を、ここで確認しておこう。

米カリフォルニアの地方紙、『オレンジ・カウンティー・レジスター』によると、前述の通り、「ロナルド・レーガン」は護衛艦隊を引き連れ、1号機の爆発後、「福島沖」二マイルへ接近した。その後、「ロナルド・レーガン」は「仙台沖（stationed off Sendai）」に「二日間」とどまっていた。(注23) ということは恐らく、「3・13」「3・14」の両日は、仙台沖にいたことになる。

この両日は、1号機に続いて3号機が爆発する「フクイチ核惨事」の重大局面。「ロナルド・レーガン」、および護衛艦隊の乗組員らは、この仙台沖でも被曝した可能性が強い。

同紙によると、「ロナルド・レーガン」は仙台沖で、救援ヘリの給油海上拠点の役割を果たしていたが、仙台郊外で活動した同空母の救援ヘリ三機の乗員一七人が放射能で汚染されたことがわかったことから、急遽、仙台沖から退避した。(注24)

仙台沖の海域は、フクイチの八〇キロ圏。「ロナルド・レーガン」はフクイチからなるべく遠ざかろうとして北東〜北北東に針路をとって三陸沖へと離脱を図ったものと思われる。「ロナ

ルド・レーガン」は結局、同年四月四日まで「仙台の北東約二八八キロ（一八〇マイル）」[注25]の三陸沖合にとどまり、「トモダチ作戦」の事実上の旗艦の役割を果たし続けた。

仙台沖からの離脱後、フクイチは2号機の爆発、4号機の火災を起こしており、「ロナルド・レーガン」は離脱中、あるいは離脱後も被曝した可能性が強い。

さて、「ロナルド・レーガン」のその後の航跡だが、前述のリンゼイ・クーパーさんの証言によると、津軽海峡を抜けて日本海側に退避した。しかし、そこでも同空母の海水淡水化によ

注21　『フォックス（ＦＯＸ）』テレビ（二〇一三年十二月二十日付）
→ http://www.foxnews.com/us/2013/12/20/sickened-by-service-more-us-sailors-claim-cancer-from-helping-at-fukushima/

注22　ＡＰ通信＆ＫＯＭＯニュース・サービス（二〇一二年十二月二十八日付）
→ http://www.komonews.com/news/national/US-sailors-sue-Japanese-utility-over-tsunami-radiation-185081591.html

注23　前掲、『オレンジ・カウンティー・レジスター』、「裁判、フクシマ核惨事が米水兵らを毒まみれに」（二〇一四年四月九日付）→ http://www.ocregister.com/articles/radiation-608614-tepco-navy.html

注24　同

注25　ウォールストリート・ジャーナル、「米国、日本支援の地上部隊を撤退（*U.S. Draws Down Ground Troops in Japan Aid*）」（二〇一一年四月五日付）
→ http://www.wsj.com/articles/SB10001424052748703806304576242593373571416
　ジャーナル紙によると、同年四月四日、それまで仙台の北東約一八〇マイルに展開して、被災地救援活動に当たっていた空母「ロナルド・レーガン」艦上で、北沢俊美・防衛相、ルース駐日大使も出席して、「トモダチ作戦」の終了式が行われた。

る飲料水などは依然として放射能に汚染された状態。船体が放射能に汚染されていたことから、グアムなどへの入港も断られ、しばらくの間、洋上をさまよう状態が続いた。(注26)

その後、北米西海岸、ワシントン州ブレマートンの海軍工廠へ入港。そこで「一年半」にわたり「定期修理」のあと、母港のサンディエゴに戻った。ブレマートン工廠で回収された放射能汚染物は、同じくハンフォードの核廃棄物センターへ送られたという。(注27)

原子力空母「ロナルド・レーガン」はフクイチ発の死の灰にまみれ、幽霊船状態で漂わざるを得なかったわけである。

日本の自衛艦も洋上被曝の恐れ

「ロナルド・レーガン」の航跡をたどったところで、ひとつ問題を指摘しておきたい。それは日本の海上自衛艦が洋上被曝した可能性に関することである。

テンプル大学ジャパンのカイル・クリーブランド准教授の調査によると、フクイチから八〇キロ(五〇マイル)の海域に、日本の海上自衛隊の旗艦(自衛艦)がいて、その旗艦に着艦した米軍ヘリから、警戒レベルを超える放射線量が検出されたことがある。(注28)

これは重大な指摘である。その旗艦の自衛艦もまた「ロナルド・レーガン」同様、放射能雲(プルーム)に包みこまれ、乗員(海上自衛官)らが洋上被曝を強いられた可能性が出て来るからだ。

日本の防衛省には、この点に関する説明責任がある。

すでに二人の死者　原告のなかには陸上被曝の十代も

ここで米水兵らの集団訴訟に、話を戻すと、まずは原告団のなかで、すでに二人が判決の日を待たずに死亡していることを挙げねばならない。

注26　リンゼイ・クーパーさん、『ＥＯＮ（エコロジカル・オプション）ニューズ・ネット』でのインタビュー（ユーチューブ、二〇一三年十二月二十日公開）
→http://www.youtube.com/watch?v=DSz1wGc1PcU&feature=youtu.be
なお、「ロナルド・レーガン」は二〇一一年四月十九日に佐世保港に入港している。

注27　対東電訴訟原告団のポール・ガーナー弁護士、『ロシアの声』（米国版、二〇一四年一月十五日付）での発言
→http://voiceofrussia.com/us/2014_01_15/American-sailors-exposed-to-radiation-at-Fukushima-take-issue-to-court-8455/

注28　カイル・クリーブランドさん、米国のネット放送局、『デモクラシーＮＯＷ』（二〇一四年三月十九日付）での発言
→http://www.democracynow.org/2014/3/19/fukushima_fallout_ailing_us_sailors_sue
クリーブランドさんの発言は以下の通り。
Well, what they were—the readings that they were getting, these were coming from helicopters that were flying relief missions for the tsunami effort. They had landed on a Japanese command ship that was about 50 miles away from the plant, and the measurements that they were getting clearly alarmed them. These were readings much higher than they expected.

一人は、二〇一四年四月二十六日、滑膜《かつまく》肉腫のため、三十八歳の若さで、五歳のお嬢さんを残し亡くなったセオドア・ホルコム（Theodore Holcomb）さん。（注29）

もうひとりは同年九月に亡くなった二十代の原告（氏名不詳）で、白血病だった。（注30）

それから、この集団訴訟で注目すべきは、原告団のなかに洋上被曝者だけでなく、フクイチ近くに住んでいて「陸上被曝した」米国のティーンエージャー（十代）が一人、含まれている（an American teenager living near the stricken site）ことだ。（注31）

かりにサンディエゴ連邦裁がこの十代の若者についても、東電の有責性（損害賠償義務）を認めた場合、それに伴い「日本人」の「陸上被曝者」に対する有責性も当然、浮上するわけで、ジャニス・サマルチノ判事がどのような判断を示すか、きわめて注目される。

最初、八人の水兵たちが始めた対東電・洋上被曝訴訟はすでに二三〇人以上の集団訴訟に発展しているが、原告団は最終的に「七万人」が参加できる訴訟のフレームワークを組んでおり、（注32）こんご、途中参加者はさらに増える見通しだ。

シモンズ大尉の被曝受難

「ロナルド・レーガン」で「トモダチ作戦」に従事したスチーブ・シモンズ（Steve Simmons）海軍大尉も、集団訴訟にまだ参加していない一人。米海軍医療機関から被曝を認定する診断を得るのが先決として、今のところ、訴えに加わっていない。

スチーブさんが軍務中の被曝認定を訴え続けているのは、その被曝症状があまりも重篤だからだ。海軍当局に被曝被害を認めてもらいたいからだ。

スチーブさんは「３・11」前、健康そのもので、ハワイの山を駆け上るほど体力のある、三児の父親だった。それが、その年、二〇一一年十一月から急に体調不良となり、体重が激減した。

筋肉麻痺が足から腕、手に拡大し、脳からの神経刺激が切れて四時間ごとにカテーテルで排尿しなければならない「神経因性膀胱（neurogenic bladder）」を発症、車いすの生活を強いられている。

そんなスチーブさんと妻のサマー（Summer）さんは闘病生活のなかで、新しく結婚写真を撮

注29　セオドア・ホルムズさんの葬儀ビデオ（ユーチューブ）
→http://www.youtube.com/watch?v=3B1YtE8XGJk
注30　『アワプラ』、「トモダチ作戦２名が死亡〜東電訴訟、本格弁論へ」（二〇一四年十二月四日付）での呉東正彦弁護士の発言
→http://www.ourplanet-tv.org/?q=node/1863
注31　米国の指導的反原発運動家、ハーヴェイ・ワッサーマンさん、『ハフィントン・ポスト』、「フクシマ被曝で発症した米水兵らが新集団訴訟を提起（*US Sailors Sick From Fukushima Radiation File New Class Action*）」（二〇一四年二月十二日付）
→http://www.huffingtonpost.com/harvey-wasserman/us-sailors-sick-from-fuku_b_4759831.html
注32　前掲、ワッサーマンさんの記事を参照

り直したそうだ。
車イスのスチーブさんとサマーさんが並んでカメラに向かった写真だ。
サマー夫人はCNNの取材に対して、こう語った。(注33)

わたしたちは、車いすを画面に入れ、結婚写真を撮り直しました。過去を振り返る代わりに、前を向いて生きていきたいと思ったからです。そしてわたしたちは、この結婚写真で、いまのわたしたちがどんな状態にあるかを記録に残しておきたかったのです。

"We retook our wedding pictures to include the chair. Because we wanted to be able to look forward, instead of looking back. And we wanted our wedding photos to be what we are," Summer Simmons said.

車いすとともに、人生のイバラの道を歩き始めたシモンズ夫妻。
東電は、フクイチから四五キロ離れた二本松市の「サンフィールド二本松ゴルフ倶楽部」が除染を求めた、東京地裁への仮処分の申し立てで、放射性物質を「もともと無主物であったと考えるのが実態に即している」(答弁書)として、「原発から飛び散った放射性物質は東電の所有物ではない。したがって東電は除染に責任をもたない」と主張した。(注34)
サンディエゴの法廷でもまた、「ロナルド・レーガン」の甲板をとらえたフクイチ発の放射性物質は「無主物」であって、アメリカの水兵たちがたとえそれを浴びて被曝したとしても、当方に責任はないとでも言い張るのだろうか。

二〇一五年二月五日、ドイツの有力誌、『シュピーゲル』は、その英語電子版で、「明確化されざる被曝の脅威：米水兵、フクシマ・ミッション後の司法の正義を求める（'Uncertain Radiological Threat': US Navy Sailors Search for Justice after Fukushima Mission）」というタイトルの、長文の調査報道記事を掲げた。(注35)

そこに、スチーブ・シモンズさんが、二〇一四年六月、治療の必要性から米海軍を除隊したあと、現住地のソルトレークシティーからサンディエゴまで（ロサンゼルスで乗り換え）、空路、車イスで旅し、原告側の証人として法廷に立ったことが記されていた。

米海軍への忠誠心から、なかなか証言に踏み切れられないでいる、かつての部下の原告水兵

注33　CNN、「フクシマ核惨事は米水兵・海兵隊員を病気にしたか？（*Did Fukushima disaster make U.S. sailors and Marines sick?*）」（二〇一四年二月十九日付）
→http://thelead.blogs.cnn.com/2014/02/19/did-fukushima-disaster-make-u-s-sailors-and-marines-sick/

注34　朝日新聞、「プロメテウスの罠〔4〕　東電は述べた『放射性物質は無主物である』」（二〇一二年三月二日付）
→http://astand.asahi.com/webshinsho/asahi/asahishimbun/product/2012021700007.html

注35　『シュピーゲル』（英語電子版）
→http://www.spiegel.de/international/world/navy-sailors-possibly-exposed-to-fukushima-radiation-fight-for-justice-a-1016482.html

らのため、自費で法廷に駆け付けたのだ。
シモンズさんの車イスには、こんなステッカーが貼られていたそうだ。

Nobody's left behind. 誰も見捨てられてはならない！

被曝犠牲者は誰一人として、見捨てられてはならないのだ。それはまさしく、「トモダチ作戦」で救援にあたった米軍水兵の全員に適用されるべき、絶対的な命題であるだろう。そしてそれはまた同時に、「トモダチ作戦」で救援活動を受けた、わたしたち日本の陸上被曝者全員に適用されるべき戒律でもある。
米水兵も、わたしたちも、同じ「フクイチ・ヒバクシャ」であることに何の変わりもないのである。

第5章　水蒸気爆発

双葉町に「白い雪」を降らせた、東電福島第一原子力発電所1号機の「爆発」が「水素爆発」であるとするのは、日本政府・東電の「発表」である。燃料棒を被覆するジルコニウム合金が高熱を帯びて水素を発生、それに引火して爆発――つまり「水素爆発」が起きた。これが「フクイチ核惨事」を最初から矮小化して来た、日本当局の公式見解である。

「水素爆発」――これはフクイチの1号機に限らない。2号機でも3号機でも起きたことだと、日本政府・東電はマスコミを動員し、これまで一貫して主張し続けて来た。

「水素爆発」の「爆発」とは、局所的にたまった水素ガスが引火して「爆燃（deflagration）」することである。つまり、瞬間的に――爆発的に燃焼するのだ。これに対して、爆風、爆音が音速以上の速度で伝わる、より破壊的な爆発（爆裂）を「爆轟（detonation）」と言う。

1号機では——2、3号機でも、「爆轟」ではなく「爆燃」が起きた。水素が爆発的に燃焼しただけだから、まだたいしたことはない。そう言い張って日本政府・東電は「フクイチ核惨事」の苛酷さの極小化に努めて来たわけである。

ほんとうにそうだったのか？

公開された録音会議録

ほんとうはどうだったか？「フクイチ核惨事」の真相に迫る「公的資料」が——それも、膨大な「政府資料」が、実はひとつ存在するので、内容を紹介することにしよう。

その「政府資料」の「政府」とは、日本政府ではなく「米政府」。米連邦政府の独立委員会である「米原子力規制委員会（NRC）」が二〇一二年二月二十一日、「情報自由法（FOIA）」に基づき、複数の情報公開請求に応えて、ネット上で公開・開示したものだ。

「フクイチ核惨事」での電話会議の録音を書き起こした、「日本の非常事態に関連する情報自由法開示文書（*FOIAs Related to Japan's Emergency*）」[注1]。

約三千頁にも及ぶこのNRC情報開示文書（以下、「NRCフクイチ会議録」と表記）は、東京に急派されたNRCの専門家チームや在日米軍、ワシントンの関係部局をつないだ電話会議（報告・討論）でのやりとりが生々しく記録されている。

それではそこでたとえば1号機の「爆発」はどう報告されているか？

「ＮＲＣフクイチ会議録」の文書公開を受け、膨大な記録を精査する作業が、米国のネット・メディアなどの手で精力的に続けられて来た。（注２）

開示の六日後、同年二月二十七日、「フクイチ核惨事」を一貫して追及してきた米国の『ＥＮＥＮＥＷＳ（エネニュース）』は、開示された会議録の中に驚くべき電話報告の記録があるのを掘り起こして報じ、世界に衝撃波を広げた。

「ＮＲＣフクイチ会議録」の二〇一一年三月十二日分を精査した結果、ＮＲＣの原子炉規制局エンジニア部次長、ダン・ドーマン氏が上司であるＮＲＣのヤツコ委員長に対して、１号機の爆発が「爆轟（detonation）」のように見える、と報告し、マクドーモットというもうひとりのＮＲＣ当局者もまた、この見方を支持する発言をしていた事実を発掘したのだ。（注３）

注１　ＮＲＣの以下のサイトで閲覧可。
→http://www.nrc.gov/reading-rm/foia/japan-foia-info.html
この公開された、録音起こしの記録文書には「フクイチ核惨事」の事故発生当時以降の分も随時、追加されている。
「議事録をとっていなかった」で済ませた日本政府の無責任さがどれほどひどいものか、この一事をみてもよく分かる。日本政府当局総ぐるみの隠蔽工作でなければ、日本政府の無能さ、行政能力と責任の欠如を物語るものでしかない。

注２　フクイチ事故に関するＮＲＣ内の当時の見解については、ニューヨーク・タイムズが早くも二〇一一年三月二十六日付で、内容の一部を報じている。その報道内容については、拙著、『世界が見た福島原発災害①　海外メディアが報じる真実』（二〇一一年六月、緑風出版）の第三章を参照。

この部分（二〇一一年三月十二日分の三二頁、五二頁に記載）を整理するとこうなる。（太字強調は大沼、以下同じ）

「爆燃とは見ていない」

◇二〇一一年三月十二日分の会議録書き起こし（三二頁）

ドーマン次長は（1号機の爆発の際）①「パルス」が発生、続いて大きな爆雲が上がった。②その後の現場撮影ビデオでは、建屋上部の、核燃料装填部の上の部分が（爆発で）切り裂かれ、そこから火線が出ている。③これは重大なことなので報告する。④この点に関する他の報告はまだない。⑤メディアの爆発映像に頼らざるを得ないが、ビデオ映像は非常な不安を掻き立てる――と語り、**ヤツコ委員長**の「何が起きたと思う？」の問いに対して、「われわれが爆発のビデオ映像から推測するところでは、1号機の格納容器に破局的な損傷が起きた、ということです」と答えた。

◇同（五八頁）

ドーマン次長はまたヤツコ委員長への報告で①われわれは「爆燃」とは見ていない。②炎を見ていない――と言っている。これに対して、**ヤツコ委員長**、「よろしい、それが水素爆発に対するあなた方の見解だね」――。

◇同（一一四頁）

ここでさらに**マクドーモット**というＮＲＣ当局者が以下のように発言。①１号機の爆発で、核燃料装填フロアの（聴取不能）金属側版を吹き飛ばした。②さまざまなソースからのメールで確認したが、爆発で格納容器は無傷だ。〔大沼注　圧力容器は損傷の可能性〕③確認できてはいないが、**「なんらかの水素爆轟（some type of hydrogen detonation）」が起きた**のではないか、との見方が出ている。

この電話報告の時点（１号機の爆発当日）で早くもＮＲＣ当局は、爆発が水素ガスによる「爆燃」ではなく、「爆轟」であった、との見方をしていたことが分かる。マクドーモット氏の発言――「なんらかの水素爆轟（some type of hydrogen detonation）」も、「水素（hydrogen）」に力点を置くものではなく、「爆轟（detonation）」を強調したものだった、とみるべきであろう。[注４]

「格納容器内での水蒸気爆発です」

「１号機は爆轟」――ＮＲＣの見方はしかし、それにとどまるものではなかった。ＮＲＣはさ

注３『エネニュース』→http://enenews.com/nrc-suspected-detonation-at-reactor-no-1-weeks-before-gundersen-postulated-such-a-scenario-at-no-3

注４ これはあくまで推測だが、マクドーモット氏のこの発言――「なんらかの水素爆轟（some type of hydrogen detonation）」は、１号機爆発後の日本政府の発表である「水素爆発」に引っ張られたもののようだ。

らに驚くべき見方をしていた。

『エネニュース』が「1号機の爆発は爆轟」を報じたのと同じ同年二月二十七日、米国のもうひとつの反原発ネット・メディアの『ＥＮＦＯＲＭＡＢＬＥ（エンフォーマブル）』が、これを補強する、さらに衝撃的な発掘報道を行ない、世界に第二の衝撃波を広げた。

同じ「二〇一一年三月十二日」分のフクイチ会議録の八一頁に、『エネニュース』発掘箇所で「爆轟」との見方を示したドーマンＮＲＣエンジニア部次長が、さらにこうヤツコ委員長に対して上申していたのだ。(注5)

ドーマン部次長　われわれの観察では、（1号機の）爆発は建屋内で起き、（その爆発は）格納容器の格納機能に重大な損傷が出ていることを示しています。オペレーションセンターの内外、そしてその他各機関に、**タービン建屋で水素爆発が起きた（a hydrogen explosion the turbine building）のを見たといっている人間がいることは、われわれも分かっています。しかし、それ**（タービン建屋内の水素爆発）**は、わたしたちの見方ではありません。**
ヤツコ委員長　なるほど、それで……。
ドーマン部次長　**水蒸気爆発（a steam explosion）です。**　えっ、何とおっしゃいました？
――**はい、その通りです。格納容器内で起きた水蒸気爆発です。その通りです。わたし**

たちの考えは――わたしたちがタービン建屋内の水素爆発ではない、と考えるひとつの理由は、（水素爆燃による）**炎の発生を示すものを確認できないからです。**同様に（1号機）爆発映像のその後の部分を見ればお分かりのように、そこには持続的な炎や煙、その他、関連する全てのものを見出すことはできません。

そこでわたしたちは（水蒸気爆発である、との）論点を整理した報告を提出します。Q＆A形式で、現在、最終アップデートを更新しているところです……(注6)

もはや明らかである。米政府の専門機関である原子力規制委員会（NRC）は、日本政府の「1号機水素爆発（建屋内の上部で水素ガスが爆発）」説を採らず、「水蒸気爆発（爆轟）」との見方をしていたのだ。

この意味するものは重大である。いや、重大すぎる、といっても過言ではない。「水蒸気爆発」とは、溶融した核燃料が（冷却）「水」と接触して起きる「核爆発」であるのだから……。

NRCは――つまり米政府は、1号機が「爆発」した二〇一一年三月十二日時点においてすでに、少なくとも可能性の問題としてフクイチが「核爆発事故」であること（それが1号機にと

注5『エンフォーマブル』→http://enformable.com/2012/02/nrc-was-concerned-that-fukushima-reactor-1-was-a-steam-explosion-in-containment/

どまらず、他機に連鎖する恐れがあることを）知っていたのだ！……

ＮＲＣはまた――米政府はまた、この「水蒸気爆発」によって1号機で何が起きていたかも推測段階ながら摑んでいた。

同じく『エンフォーマブル』が二〇一一年三月十七日付で報じたところによると、二〇一一年三月十二日午後三時三十六分（米東部標準時・夏時間同日午前二時三十六分）の1号機の爆発の際、現場では局地的に「**垂直地震**（vertical earthquake）」が起きており、そのことが（「フクイチ会議録」ではなく）同日分のＮＲＣ内部資料、「状況報告（Status Update）」に明記されていることが分かった[注7]。

他機には影響しなかった、局所限定的な「垂直地震」が爆発時点で発生していたといっているのだが、1号機爆発が「水蒸気爆発」であったことを考え合わせれば、メルトダウンして落下した溶融燃料が圧力容器の下部で水と接触し、核爆発を起こした際の「垂直地震＝縦揺れ」[注8]

注6　この箇所の原文は以下の通り。重要部分なので引用する。

MR. DORMAN : Yes, our inference from the explosion that we've observed is that the explosion was in the reactor building and represents a significant failure of the containment, primary containment function.

We did acknowledge that there are some folks, both within the Ops Center here and out in other agencies, who are looking at that, and seeing a hydrogen explosion the turbine building, but that's not our primary assumption.

CHAIRMAN JACZKO : Okay.

MR. DORMAN : A steam explosion, excuse me

– yes, a steam explosion for containment, that's correct, and what we thought — well, one of the reasons that we don't believe it was a hydrogen explosion in the turbine building was we found no indication of flames and similarly, there is no indication, if you look at the later images after the explosion, there is no indication of any kind of sustained fire, smoke, anything of that sort.

So, we have put together key talking points for you. We are just finalizing an update for the Q&A's

注7

『エンフォーマブル』 →http://enformable.com/2012/03/march-12th-report-says-fukushima-reactor-1-exploded-after-vertical-earthquake-under-unit-which-did-not-affect-other-reactors/

この箇所の原文は以下の通り。

At 0136 EST on March 12, 2011, a "vertical earthquake" resulted in an explosion at the Fukushima Daiichi Unit 1.

Other units at Fukushima Daiichi and units at other sites were not impacted by this earthquake.

注8

この「垂直地震」について、当時、フクイチの「1号機中央制御室」にいた社員らは、前日の本震の「余震」と思った。この「地震」を「爆発」によるものだとは見ていなかった。二〇一二年三月十九日付の河北新報の記事、「水素爆発直後を東電社員ら証言　福島第1原発事故」には以下のようなくだりがある。

→http://www.kahoku.co.jp/news/2012/03/20120319t63008.htm

……余震が収まった次の瞬間、爆発音とともに押しつぶされるような風圧が1号機中央制御室を襲った。昨年三月十二日午後三時三十六分のことだ。

「全員マスクを着けろ」。当直長の大声が制御室内に響いた。不眠不休の作業の疲れから全員が息苦しい全面マスクを外し、放射線量の高い1号機側を避け、2号機側の床に座り込んでいた。横たわっていた人もいた。

「人は大丈夫か。何があった」。免震重要棟会議室にある緊急対策本部から有線電話が入る。当直員十数人も何が起きたのか分からない。

天井は崩れ、風圧で開いた扉がゆがみ、動かなくなった。線量は毎時一〇〇ミリシーベルトを超えた。当直員が1号機原子炉建屋の水素爆発を知るには、さらに数十分を要した。……

であったとみるのが自然だろう。

以上でひとまず、「NRCフクイチ会議録」の問題箇所の紹介を終えるが、1号機の「爆発」について、ドーマン氏らNRCの専門家たちが、何によって——何を見て、事故を解析していたか、ここで確認しておく必要がある。NRCの彼らは、テレビのニュースで流された「映像」を分析し、そこから「水蒸気爆発」という結論を導き出していたのだ。

ドーマン氏の「水蒸気爆発」をめぐる発言のいくつかを並び換えて整理し、再び箇条書きで紹介しよう。

・メディアの爆発映像に頼らざるを得ないが、ビデオ映像は非常な不安を掻き立てる。
・われわれが爆発のビデオ映像から推測するところでは、1号機の格納容器に破局的な損傷が起きた、ということ。
・「爆轟」が起きたときのように、最初に「パルス」が発生、続いて大きな爆雲が上がった。
・その後の現場撮影ビデオでは、建屋上部の、核燃料装填部の上の部分が（爆発で）切り裂かれ、そこから火線が出ている。
・（しかし）炎の発生を示すものを確認できない……そこには持続的な炎や煙、その他、関連する全てのものを見出すことはできない。

「爆発映像」からNRCの専門家は、実にこれだけの手がかりを引き出していたわけだ。「映像」にこそ、1号機爆発の謎を解く鍵が隠されていたのである。

「先ず光って衝撃波を放ち……」

TV放映された「1号機爆発」映像を解析し、それが「水素爆発ではない」とする結論に達したのは、しかしNRCの当局者だけではなかった。日本の画像解析の専門家もまた、同じような分析結果に到達していた。

二〇一三年一月二十六日、名古屋市に本社を置く「イソップ」社の代表取締役であり、さまざまな「可視化解析処理」技術を開発、国際特許を持つ岩田清さんが(注9)、「フクイチ核惨事」を映像解析で分析している氏のサイトに、詳細な分析結果を発表(注10)。それがネットで流れ、英訳によ

注9　岩田清（いわた・きよし）さん　一九四〇年、生まれ。版画家としても国際的に知られる。一九八八年、「芸術と数理科学の調和ある有機的統合」をモットーに、純芸術から純数理科学にまたがる情報解析可視化処理を主業務とする、株式会社イソップ（本社・名古屋市）を起業。

「イソップ」　→http://www.rinne.co.jp/AESOP/

岩田さんの詳しい経歴は　→http://www.yoshi-tex.com/IWATA/KiyoshiIWATA.htm#personal

注10　→http://yoshi-tex.com/Fuku1/Astonishment.htm

る紹介ブログも現れて、全世界に拡散した。

岩田さんは1号機の爆発映像を「駒落し超鈍足動画」化して分析。その結果、1号機の爆発が「核（黒煙）爆発」から始まっていたことを突き止めた。

「先ず、一瞬光って！」「衝撃波を放ち！」（従来の、音速以下の爆発との説は間違い！）、「黒煙を噴き！」（微小な、核臨界爆発！）、「放射性核物質が飛散！」——

1号機の「爆発」は、日本政府・東電の言う、「水素爆発（による爆燃）」ではなかったことが、ここでも証明されたわけだ。

「爆燃」ではなく、「衝撃波を放」った「爆轟」。「黒煙を噴き」出した「微小な、核臨界爆発」。「NRCフクイチ会議録」が指摘した「水蒸気爆発」の正体がこれであることは最早、明らかだろう。岩田さんの映像解析によって、日本政府・東電の「水素爆発」の虚構もまた、噴き飛んでしまったような気がする。

岩田さんはまた解析記事の中で、この1号機「核臨界爆発」で飛散した「放射性核物質」が、双葉町の「双葉厚生病院を直撃した放射線源」ではないかと指摘している。こうなると井戸川町長らの上に降り注いだ「白い雪」が、「核臨界爆発」による「死の灰」だったことは、ますます疑いえないものになる。

岩田さんは解析結果公表後のツイッターで、「福一原発事故罹災者が民事裁判で勝つ為に最良の視覚資料である事が確認できました」と書いているが、視覚資料というより決定的な証拠というべきものであろう。

「核爆発被曝」に対する補償・損害賠償の道が拓けたことの意義は大きい。岩田さんは「民事裁判」についてのみ語っているが、「刑事責任」をも問いうる可能性も秘めている。

2号機「コアが溶融して水に落ち水蒸気爆発」

さて、もう一度「NRCフクイチ会議録」の中身に戻ろう。

こんどは、東電が「水素爆発すら起きていない」と主張した「2号機の爆発」について。「NRCフクイチ会議録」の二〇一一年三月十四日分（ただし、これは米東部時間・夏時間による日付。時差十三時間の日本時間三月十五日分も含まれる。2号機で爆発音が聞こえ、煙が目撃されたのは、日本時間同十五日の、それぞれ午前六時一分、同八時二十五分ごろのことだ）に、2号機の水蒸気爆発を疑う、米当局者らの次のような、緊迫したやりとりが記録されている。(注11) 原文対訳で紹介しよ

注11　『エネニュース』（二〇一一年三月二日付）
→ http://enenews.com/us-govt-experts-think-melted-fuel-rods-landed-in-water-under-reactor-no-2-causing-steam-explosion-pressure-dropped-dramatically-at-same-time-clear-indication-primary-containment-lost

う。

ジャック・グロブ氏　ヘイ、ガイズ！（君たち！）「大音響」がしたと言ったね。何なの？

JACK GROB : Hey, guys, when you said "a loud sound", what did you interpret that as?

トニー・ウルセス氏　わたしたち二人とも、1号機や3号機の建屋が噴き飛んだ時の爆発音とは違うと思っている。わたしの推測は——いやこれは単なる推測じゃないんだけど、たぶん（2号機）のコアが溶融したと思う。

TONY ULSES : It was my, I think both of us believe that one of the sources, that it wouldn't -- it wasn't like the other two loud sounds with Unit 1 and 3 when the reactor building blew. You know, my guess is, and it's just, it's just pure conjecture, would be it was probably when the core went X-up.

特定できない男性　そして容器の下の水に落ちた。それで、小規模な水蒸気爆発を起こした……

[UNIDENTIFIED MAN] : And landing in the water under the vessel, it would have ca used a little steam explosion.

ジャック・グロブ氏　君は前にもそう言っていたね。でも君が考えているのは、核燃が容器から落下して水蒸気爆発が起きたということだね。だから、その時点で（2号機の）格納容器の内部の気圧が三気圧から一気圧になったわけだ。

JACK GROB：That, that's what I heard you say. But what you think is that that was a steam explosion from the fuel going X-vessel, and we heard that containment at that point in time went from three atmospheres to one atmosphere.

ジム・トラップ氏　なるほど、理屈は通る。

JIM TRAPP：That makes sense.

トニー・ウルセス氏　そうだ。そういうこと。

TONY ULSES：Yep. It would.

（中略）……

ジャック・グロブ氏　……2号機はとにかくひどいありさまだ。炉心の冷却がかなり長い間できなかったようだ。注水ポンプがいかれていた。そして数時間前、大きな爆発音を聞いたってわけ。ドライウエルの中からの爆発音のようだった。三気圧から一気圧に下がったのはその時だ（内部の空気圧だ）。これは格納容器が破れたことを明確に意味する。かなりの炉心溶融が起きている。そして、容器を飛び出した核燃料が、格納が破れる中で大音響を引き起こしたともおそらく言えるね。最終的な確認情報がないだけだ。

JACK GROB : [...] Unit 2 is not in very good condition at all. It appears that core cooling has not existed for quite some time. It appears that the, the pumps that were injecting into the core have been deadheaded for some time. Several hours ago, there was a loud sound that appeared to come from inside the dry well, and at that time, the pressure inside primary containment went from three atmospheres to one atmosphere (essentially, atmospheric pressure). There is clear indication that primary containment is not intact, and there may also be indication that fuel, that there has been substantial core melt, and possibly even the loud sound in the breach of containment was caused by an X vessel fuel situation. That last bit of information cannot be confirmed at this time.

ＮＲＣの専門家たちは「2号機の爆発」もまた、「水蒸気爆発」で一致していたわけだ。

３号機、ＭＯＸ燃料炉で水蒸気爆発！

先へ進もう。それでは二〇一一年三月十四日午前十一時一分に起きた「３号機の爆発」はどうだったか？

結論から言うと、「３号機」でも「水蒸気爆発」が起きたとＮＲＣでは見ていたのである。それも「水蒸気爆発」により、「炉心のすべてが外部に放出された」のではないか、と。

「ＮＲＣフクイチ会議録」の同年三月十八日分の会話記録に、こうある。（注12）

（３号機のＭＯＸ燃料についての協議で）

ヤツコ委員長　たしかに、そう言えるんだろうね。わたしとしては、軽水炉において、炉心がすべて外部放出される可能性はない、と信じなければならないのだから。つまり（３号機のＭＯＸ燃料炉では）水蒸気爆発があったってことだね？

CHAIRMAN JACZKO：See if you can do that because I, I have to believe that there is no possibility in a light-water reactor design to reject an entire core. I mean, that's

注12　『エネニュース』（二〇一一年三月十二日付）
→ http://enenews.com/nrcs-possible-worst-case-scenario-examined-mox-at-no-3-speculated-that-steam-explosion-would-reject-an-entire-core-from-reactor

basically steam explosion; isn't it?

トリッシュ・ホラハン氏　その通りです。

TRISH HOLAHAN：Yes.

これは極めて重要な――極めて深刻かつ恐ろしい会話である。あってはならない「水蒸気爆発による炉心の飛散」があったことが、再確認されていたのだから。

しかも、３号機に装填されていた核燃料は「ＭＯＸ燃料」である。「ＭＯＸ燃料」は、二酸化プルトニウムと二酸化ウランを混ぜたもので、プルトニウム濃度の高い、より危険なもの。それが「水蒸気爆発」で放出されたというのだ。なんとも、おそろしいことだ。

もう一度、確認しておこう！　ＮＲＣは東電福島第一原子力発電所の「３号機」の原子炉で、「水蒸気爆発」が起き、炉心のＭＯＸ燃料が外部放出された、と見ていたのだ！

日本政府・東電がいうような「水素爆発」ではなく！

ここで、もうひとつ注意しなければならない、極めて重要なポイントは、「水蒸気爆発」があくまでも「炉心」――すなわち原子炉で起きたことだ。

３号機建屋の「使用済み核燃プール」ではなく！

なぜ、ここで「核燃プール」ではなく原子炉本体での「水蒸気爆発」だったことを、ことさら強調するかというと、「3号機」についてはこれまで、米国の原子力専門家、アーニー・グンダーセン氏による「核燃プール・即発臨界・核爆発」が有力視されて来たからだ。3号機で核爆発はあったが、あくまでも建屋内に設置されていた「使用済み核燃プール」での出来事——(注13)。

これに対して、NRCでは（「核燃プール」での水蒸気爆発ではなく）「3号機原子炉」での水蒸気爆発と見ていた！

これはグンダーセン氏による「核燃プール・即発臨界」を否定するものではないにせよ（つまり、原子炉の爆発が核燃プールの臨界を引き起こした！）、それ以上に——もう、空恐ろしい、とでも言うしかない——比べ物にならないほど、はるかに深刻な、途方もない事態の発生を示すものである。

「3号機」のMOX燃料炉は、「水蒸気爆発」で「核燃プール」もろとも、吹っ飛んでいた！

この「3号機」に関するNRCの見方を補強し、裏付けるものは、ここでも「イソップ」社の岩田清さんによる映像（画像）解析結果である。岩田氏は二〇一三年一月二十二日、日本政府・東電の言う「水素爆発」を否定する分析結果を公表、「3号機の爆発」を以下のようなもの

注13　アーニー・グンダーセン氏の「核燃プールでの即発臨界による核爆発」の見解については、拙著『世界が見た福島原発災害①　海外メディアが報じる真実』（二〇一一年六月、緑風出版）の「終わりのないエピローグ」を参照。

と結論付けた。(注14)

①〈原子〉炉の爆発、②〈原子〉炉付属設備に溜まっていた放射能物質が中性子供給されて連動した爆発、③1・2号稀ガス処理装置建屋の「活性炭式カートリッジ」に溜まっていた放射能物質が、中性子供給されて連動した爆発〉――の「三本立て」で、爆発が起きていた。

事故当時のNRCの見解は岩田さんの検証で裏付けられた。「3号機」は原子炉で水蒸気爆発を起こしていたのである。

そして岩田さんの言う、②の「〈原子〉炉付属設備に溜まっていた放射能物質が中性子供給されて連動した爆発」によって、グンダーセン氏の「核燃プール・即発臨界」説もまた、その正しさがあらためて裏付けられたかたちだ。

結局、情報開示された「NRCフクイチ会議録」によって、東電福島第一原子力発電所の「事故」は、1~3号機の全てが「水蒸気爆発」を起こした「トリプル核爆発」という、史上空前の「核惨事」であった、少なくとも可能性が証拠立てられたわけだが、ワシントン・ポスト紙(二〇一二年二月二十二日付)によると、情報自由法に基づく開示請求によって公表されたこの

「会議録」には、「二〇一一年三月十二日分」での二頁分をはじめ、随所に削除箇所があり、そこで何が伏せられているかは分かっていない。（注15）

それにしても「水蒸気爆発」は「水素爆発」とは違うものだ。

それは「爆轟」した「核爆発」である。それを、（注16）「水素爆発でいいじゃない」と言い放った、政府・東電によるあのいい加減な感覚は何なのか！

注14　→ http://yoshi-tex.com/Fuku1/ElementT.htm#132Te

注15　ワシントン・ポスト、「NRCフクシマ会議録、事故当時の非常事態と混乱ぶりを示す（*NRC Fukushima transcripts show urgency, confusion early on*）」（二〇一二年二月二十一日付）
→ http://www.washingtonpost.com/business/economy/nrc-fukushima-transcripts-show-urgency-confusion-early-on/2012/02/21/gIQAkPTFSR_story.html

記事原文は以下の通り。

The transcripts were released in response to a Freedom of Information Act request and are available on the agency's Web site. The conversations in the transcripts start the morning of the earthquake in Japan, on March 11, and run through March 20. They are redacted in many places, including a 161 / 2-page section from March 12.

注16　事故当時、東電本社（店）と現場をつないで行なわれた「東電テレビ会議」の映像は、妨害音（ピー音）入りの編集されたものが「公開」されたが、そこにも、「爆発」が「水素」ではなく「水蒸気」だったことをうかがわせる場面の記録が（削除漏れで？）残っている。

まずこれは、ブルームバーグ日本版（二〇一二年八月七日付）の、以下のような記述。

……三月十四日午前十一時すぎ、吉田所長から「本店、本店。大変、大変です」と緊迫した声の連絡が入る。吉田氏は上ずった声で「3号機、多分水蒸気だと思う爆発が今起こりました」と報告した。水素による爆発を「水蒸気」という誤った言葉で伝えていることから、吉田氏の動揺の大きさが伝わる。

……

→ http://www.bloomberg.co.jp/news/123-M8C1TZ6S972E01.html

ブルームバーグの記者は、「水素による爆発を『水蒸気』という誤った言葉で伝えていることから、吉田氏の動揺の大きさが伝わる」と解説しているが、果たしてそうか？

また、朝日新聞（二〇一二年八月八日付）朝刊（統合版）三面には、以下のような記述がある。

昨年三月十二日に1号機が水素爆発したのに続き、十四日午前十一時一分に3号機で爆発が発生した。問題の場面はその後、午前十一時半ごろの本店の映像だ。記者発表の文面を検討する中、本店で清水正孝社長の隣に座る高橋明男フェローの次の発言が映像に残っている。

「要はさ、1号機を3号機に変えただけだってんでしょ。それで水素爆発かどうかわからないけれど、国が保安院が水素爆発と言っているから、もういいんじゃないの、この水素爆発で」

朝日新聞デジタル、「東電、水素爆発確認せず広報『保安院が言ってるから』」も参照。

→ http://www.asahi.com/national/update/0808/TKY201208070837.html

第6章　核のテロリズム

核の自爆テロとしてのフクイチ

ソ連邦が「チェルブイリ」の核事故を主因に崩壊に至ったことは、「ゴルバチョフ告白」で明らかになった(注1)ことだが、「チェルノブイリ」が「冷戦」の幕を閉じたとするなら、「フクシマ（フクイチ核惨事）」は「冷戦」を維持して来た「核の時代」の、終わりの始まりを告げるものだ。「核の抑止力」は「冷戦」の「熱戦」化を回避したかも知れない。しかし「フクシマ」で今なお続く苛酷な事態は、「核」が戦争の抑止力にはなり得ても、「いのち」の育てる環境を守る抑止力にはなり得ないばかりか、「原発」が「自爆」すれば体制を苦境に追い込み、さらには地球環

注1　拙著、『世界が見た福島原発災害　3　いのち・女たち・連帯』（緑風出版）「始まりのためのエピローグ」三〇一〜三〇五頁。

境を際限なく汚染し続けるものであることを、あらためて生々しく曝け出した。

「原発」とは「核の時代」が生んだ、自爆する核地雷だった。地震で（も）安全装置が効かなくなると起爆してしまう時限爆弾だった。死の灰を大気中に、海洋に降らせる「放射能テロ」の元凶――それが「原発」であることを、「フクシマ」はまたも、「チェルノブイリ」に続いて、現実に証明した。

「ハーグ・サミット」でのバーチャル・ゲーム

「フクイチ核惨事」の三周年が過ぎた二〇一四年三月二十四、二十五の両日、オランダのハーグで「核セキュリティ（安保）サミット（Nuclear Security Summit）」が開かれた。二年前、韓国・ソウルでの第二回サミットに続く三回目――「3・11」以降では二回目の核安保サミットだった。

テーマはもちろん「核テロの防止」。

このサミットの場で、各国首脳が異例のコンピューター・シミュレーション・ゲームに挑戦した。「解き放たれた核（*Nukes on the loose*）」というタイトルのバーチャル・ゲームは、ホスト国のオランダの発案。

テロリスト集団が「核テロ対策がお粗末な国」から核物質（ウラニウム）を盗み、「ダーティー爆弾」をつくって、「某国の金融センター」に仕掛けた！――そんな想定のゲームだった。俳優たちが演じる四つの動画（各三分間）で構成され、「現実」に直面した「各国首脳」がその都度、四つの選択肢のなかから一つをタッチパネルで選択、「ダーティー爆弾」によるハルマゲドン的脅威に対処するストーリーだった。

サミットに参加した各国首脳のほとんどがゲームのことを事前に告げられていなかった。英紙『テレグラフ』の報道によると、ドイツのメルケル首相は会議場でゲームのことを聞かされたとき、ムッとした顔でオバマ大統領と英国のキャメロン首相を見たそうだから、(注2)オランダのほか米英両国は事前に知っていた可能性がある。

オランダの隣国であるドイツの首相も知らなかった、ということは、おそらく安倍首相も聞かされていなかったということである。

そしておそらく、安倍首相はメルケル首相以上に内心、ムッと来たことだろう。「同盟国」であるはずの米国のオバマ大統領から、何の事前通告もなかったわけだから。

安倍首相はあるいはまた、これを日本に対するオバマ政権、あるいは米政府の「面当《つらあ》て」と受け取ったのかも知れない。

注2　英紙『テレグラフ』、「メルケル、ムッとした顔でオバマとキャメロンをにらみつける（*Merkel miffed at Barack Obama and David Cameron 'nuclear war game'*）」（二〇一四年三月二十五日付）
→ http://www.telegraph.co.uk/news/worldnews/barackobama/10721186/Merkel-miffed-at-Barack-Obama-and-David-Cameron-nuclear-war-game.html

「対策がお粗末な国」を批判

そもそものバーチャル・ゲームで、テロリストたちが核物質を奪うことができるのは、「核テロ対策がお粗末な国（an unidentified country that had poorly secured its radiological and nuclear stockpiles）」が実際、あればこそ。

そして、実はこの「ハーグ核安保サミット」に向けて、ほかならぬ米国から「核テロ対策がお粗末な国＝日本」に対する強烈な批判が噴き出していたのである。

安倍政権下の日本に対して、どんな厳しい批判が浴びせられていたか。

批判の矛先が向けられたのは、「六ヶ所村」核処理施設のセキュリティ対策に対して、だった。しかも批判を行なったのが、ワシントンの核物理学者で、NPO「自然資源保護評議会（NRDC＝Natural Resources Defense Council）」のコンサルタントのトーマス・コクラン（Thomas Cochran）博士。

博士は米エネルギー省の元アドバイザーで、コーラ缶に入れた低レベル・ウランを実際に国外から持ち込んで、米税関当局の水際作戦のザルぶりを証明するなど警告を発し続けてきた人物。そんな米国の核テロ対策の第一人者が、「ハーグ核安保サミット」直前の時点で、米国の非営利調査報道機関、「公共高潔センター（CPI＝Center for Public Integrity）」のインタビュー（注3）で

「六ヶ所」を念頭に、その危険性についてこう警鐘を鳴らしたのである。

核兵器を盗み出すことは、難しすぎる。しかし、核燃料集合体の製造工程や核兵器製造工場へも転用できる大規模施設から盗み出すことは、大きなリスクをともなうことではない。

「六ヶ所」からは、大きなリスクなしに核物質を入手できる。こうコクラン博士は言い切ったのだ。

「六ヶ所は核のメガスーパー」

この発言を受けてCPIの二人のベテラン取材記者（記事共著者）、ダグラス・バーチ（Douglas Birch、AP通信モスクワ支局長などを歴任）、R・ジェフリー・スミス（R. Jeffrey Smith、元ワシントン・ポスト記者、ピュリッツアー賞・調査報道部門受賞者）の両氏は、よりわかりやすい、率直な表現でこう書いている。

注3　米ネット・メディア、『トゥルース・アウト（*Truthout*）』、「核爆発物に浸された世界？」（*A World Awash in a Nuclear Explosive?*）」（二〇一四年三月十九日付）
→ http://www.truth-out.org/news/item/22531-a-world-awash-in-a-nuclear-explosive

この（コクラン博士の）見解では、「六ヶ所」とは、核のテロリストたちのためのビッグ・ボックス・ストアのようなものである。

In this view, Rokkasho is a kind of big-box store for would-be nuclear terrorists.

ここでいう「ビッグ・ボックス・ストア」とはアメリカの超大型メガスーパーのこと。コクラン博士はつまり「六ヶ所」とは、核のテロリスト志願者らにとって御誂《おあつら》え向きの、超大型ショッピング・センターのようなものだと言って警告したのだ。「六ヶ所」の核物質でつくられた「ダーティー爆弾」が、たとえばニューヨークで爆発することも十分、考えられると。

コクラン博士はさらに、同じＣＰＩの調査報道レポートのなかで、

・「六ヶ所」での再処理が本格的に稼働したら、その年間プルトニウム生産量は少なくとも核兵器一〇〇〇発以上になる（Rokkasho's annual plutonium production would be enough for 1,000 weapons or more.）

・本格稼働十年で、米国の冷戦遺産のプルトニウム保管量をオーバーする

と指摘したが、こういう「核の巨大工場」がまるごとテロリストのための「スーパー・

Rokkasho（ロッカショ）」となりうるというのだから、これはあまりにも重大な警告と言わざるを得ない。

ゲートを守っていたのは年老いた警備員

「六ヶ所」のセキュテリィがどれだけ甘いものか、米軍準機関紙の『星条旗』紙も「ハーグ・サミット」直前の段階で、「六ヶ所」取材を行ない、その丸裸ぶり同然のお寒い姿に、以下のような強い警告を発した。（注４）

・米政府は「９・11」以降、米国内の核施設の配備武装部隊を六〇％増強している
・それにたいして日本の「六ヶ所」は入口で、ひとりの年老いた青い制服姿の警備員が白手袋で入構証をチェックし、お辞儀（an elderly guard in a blue uniform and white gloves bowed as he checked the passports of special guests）
・構内では、小さな警察官詰め所の横にヴァンが一台止まっているだけ
・警備員（ガードマン）は誰ひとり武装していない状態

注４　『星条旗』紙、「日本の新しい核施設はセキュリティが十分確保されているか（*Is Japan's new nuclear facility secure enough?*）」（二〇一四年三月十二日付）
→ http://www.stripes.com/news/pacific/is-japan-s-new-nuclear-facility-secure-enough-1.272465

・非常事態が起きたときは、退避して助けを求めるよう訓練されている

米三大ネットワークのNBC放送も、「六ヶ所」での日本側の楽観的な姿勢にこんな警告報道を行なった。(注5)

「六ヶ所」(「日本原燃」)の広報部長がNBCの取材に対し、セキュリティは万全、「ここで働いている人たちが、そんなこと〔核物質を盗み出すこと〕など、絶対にしないと、一〇〇%、保証します(We think we have a 100 percent guarantee that the people working here would not do that.)」と大見得を切ったあと、「六ヶ所」のプルトニウム混合物とウラニウム廃棄物では爆弾をつくることができないのだから、そもそもテロリストに狙われる理由がわからないと言って、こう疑問を投げかけたそうだ。

「プルトニウムはすでにウラニウムと混合されているのです。そして、ここでのセキュリティ・レベルの高さもあります。なにしろ、われわれはここでプルトニウム、それ自体を持っていないわけですから。プルトニウムはそもそもここに存在しないのですよ」

"Because the plutonium is mixed already with uranium, because of the security level that we have here, we don't have plutonium itself. It doesn't exist here."

「六ヶ所」にはテロリストがほしがるプルトニウムそのものがない、あるのはウラニウムとの混合物だけだから、絶対、安全である……広報部長氏は、かくもキッパリ言明したのである。

ＮＢＣはこんな「言質」をとったあと、それがどれほど甘い認識なのか、以下のようなカウンターパンチを繰り出し、広報ＰＲマンの主張を、米国の専門家の言明でもって打ち砕いてみせた。

　しかし独立した専門家たちは、核物質を二つ（ウラニウムとプルトニウムを）混ぜたところで、プルトニウム酸化物の核爆弾の材料となりうる力は何ら減るものではない、と言っている。

　ＮＲＣ（米原子力規制委員会）の元高官、（ポール）ディックマンは言った。ウラニウム・プルトニウム酸化物と純粋な鉱物状態のプルトニウムの間にある違いは、そこに「化学者」がいるかいないかだけだ。混合物からプルトニウムを取り出すのは難しいことではない。

注5　米ＮＢＣ放送、「日本は巨大なプルトニウムの山を、手薄な防備の中で積み上げている（*Japan Producing Huge, Lightly Guarded Stockpile of Plutonium*）」（二〇一四年三月一一日付）
→ http://www.nbcnews.com/storyline/fukushima-anniversary/japan-producing-huge-lightly-guarded-stockpile-plutonium-n49376

広報部長氏は「日本原燃」の「広報」責任者として精一杯、「不安の解消」に努めたのだろうが、結局のところ、日本側の現実の軽視ぶりが際立つ結果に終わった。

これではオバマ政権がサミットの場で、安倍首相に「核テロのバーチャル・ゲーム」をさせたくなるのも当然のことだろう。

「この人、ジョーク言ってるの？」

しかし、米側の懸念は「六ヶ所」だけに対するものではなかった。日本列島の各地に立地する「原発」も、テロのターゲットになるのではないか、と不安がっているのである。

これも「ハーグ・サミット」直前の、同じ米NBC放送の調査報道(注6)によると、米ホワイトハウスの国土安全保障アドバイザー、フランシス・タウンゼント氏らが二〇〇五年に来日し、東京の米国大使館に日本政府（保安院）の高官を呼び、「日本の原発（複数）は　テロの格好のターゲットだ」と、面と向かって警告したことがあった。

この直接警告に対して、日本政府の高官は何と答えたか。

なんとこう言ったそうだ。「日本では原発テロの脅威はありません。なにしろ銃の保持は、日本では非合法化されているのですから（There is no threat from terrorists because guns are illegal in Japan.）」。

これを聞いて、タウンゼント氏は同席した大使館の首席参事官（科学・テクノロジー担当、ケビン・メア氏）に、こう言って確かめたそうだ。

「この人、ジョーク言っているの？（Is he joking?）」

さて、日本の原発、そして「六ヶ所」の警備の手薄さもさることながら、米国のオバマ政権にとって、もうひとつ、日本に対する懸念材料があった。

それは米政府が一九六〇年代に「研究用」として日本側に貸与し、「日本原子力研究開発機構（ＪＡＥＡ）」（茨城県東海村）が高速炉臨界実験装置（ＦＣＡ）用に保有していたとされる「分離プルトニウム」と「高濃縮ウラン（ＨＥＵ）」である。

オバマ政権は「ハーグ核安保サミット」を前に、これら全ての返還を申し入れ、安倍政権がこれに合意し、ハーグ・サミットの場での「日米共同声明」（二〇一四年三月二十四日付）による発表に至った。

日本側が返還に応じた分離プルトニウムは、兵器級（あるいは軍事級、weapons-grade plutoniu）のもので、ＡＰ通信（注７）によると、「三一五キロ以上（more than 315 kilograms）」。同じく全量返還

注６　ＮＢＣ放送、同

注７　ＡＰ通信、「日米　歴史的な核合意を発表（*Japan, U.S. Announce Landmark Nuclear Deal*）」（二〇一四年三月二四日付）
→ http://www.huffingtonpost.com/2014/03/24/japan-us-nuclear-deal_n_5020554.html

が決まった「高濃縮ウラン（HEU）」も、核兵器に転用可能な兵器級のものである。

「地下室の核爆弾」一九八〇年代から

なぜ、オバマ政権はこれらの核物質の返還を求めたか。

「六ヶ所」、および日本の原発など核施設の警備の手薄さを思えば、当然「核テロ」防止が考えられるが、そこにはより重大な問題が潜んでいたようだ。

「ハーグ核安保サミット」直前の時点で報じられた、もうひとつの米NBC放送の調査報道は、ことの重大性を解く鍵のように思われるので、内容を紹介することにしよう。

オバマ政権が日本の安倍政権に返還を迫った背景にあった真の理由――それは手持ちのプルトニウム、ウラニウムを使った「日本の核武装」開発に関する疑惑の存在である。

NBCは日本の核武装能力、核開発の秘密について、なんと「地下室の核爆弾（Nuclear 'Bomb in the Basement'）」との表現で、その存在に警鐘を鳴らしたのだった。

日本は地下室で秘密裏に核兵器製造能力を開発している、すでに開発能力を身に着けているかもしれない、いや、もう核兵器の製造を終えているかもしれない、と疑惑を掻き立てる表現で警告報道を行なったのだ。

それではNBCの調査報道によると、日本は実際どこまで「地下室での核爆弾づくり」を進めて来たのか？

NBCの取材チームがインタビューした、「日本の原子力開発に深く携わって来た日本政府高官（a senior Japanese government official deeply involved in the country's nuclear energy program）」の証言によると、日本がプルトニウム増殖炉・ウラン濃縮プラント建設プロジェクトを開始した三十年前、「一九八〇年代から核兵器開発能力を保持している（"Japan already has the technical capability, and has had it since the 1980s," said the official.）」と言うのである。

わたしたちの日本はいつの間にか——一九八〇年代からすでに、核兵器開発能力を持つ国になっていたのだ。わたしたち一般国民の知らぬ間に。

NBCのインタビューで日本政府高官はさらに、こんな驚くべき事実を明らかにした。

日本はかつて、核爆弾一発の必要量に相当する、五～一〇キロのプルトニウムを保有し、「その時点ですでに一線を越えてしまっていた」。つまり、日本はそのとき核抑止力をひとつ持っていたのだ。

He said that once Japan had more than five to 10 kilograms of plutonium, the amount needed for a single weapon, it had "already gone over the threshold," and had a nuclear deterrent.

日本政府高官は慎重に、日本が核爆弾を一発、製造したと明言することは避けたが、「一線を越え、核抑止力を持った」ということは、自前の核爆弾をいつでもつくることができる（あるいはすでにつくってしまった）段階に、一九八〇年代のある時点で達していたことを意味する。

ＮＢＣの調査報道は、この日本政府高官の証言を裏付けるものとして、「日本の核戦略に詳しい米政府高官（a senior U.S. official familiar with Japanese nuclear strategy）」から「日本のような高度な原子力工学インフラがある国なら、原材料を兵器にするまで六カ月の工程で済むという推測は的外れではない（the six-month figure for a country with Japan's advanced nuclear engineering infrastructure was not out of the ballpark.）」とのコメントを引き出している。

これは日本が、一つのラインあたり半年に一発、核兵器を製造できる体制にあることを示唆する発言のようにも受けとれるコメントではある。

何度も言うが、これは米国三大ネットワークのＮＢＣが「ハーグ核安保サミット」を前に報じた特集番組での警告レポートであるのだ。米国のオバマ政権は、こうした日本の核開発を強く懸念したからこそ、プルトニウムやウラニウムの返還を迫った。そう見るのが妥当だろう。

兵器級プルトニウム、七〇トン備蓄説

米国のオバマ政権にはしかし、日本の核開発に関し、ハーグでやり残したことがあった。それは返還に応じた兵器級のものとは別に、日本が「九・三トン保有している低級プルトニウム（a stockpile of 9.3 tons of lesser-grade plutonium）」の処分問題である。

ワシントン・ポストによれば、この「低級プルトニウム」も、「日本の高度な技術をもってすれば、かんたんに兵器化しうるもので、核のテロリストの魅力的なターゲットになりうるものだ（that could be easily weaponized by a country of Japan's sophistication. That material also could present an attractive target for terrorists.）」。(注8)

前出のNBCの調査報道では、日本は国内に保有する約九トンの「低級プルトニウム」のほか、英仏両国に「プルトニウム」を三五トン保有、これだけで「五〇〇〇発の核爆弾」をつくることができる。そして、これに加えて、一・二トンの濃縮ウランも保有している、としている。

しかし、果たしてこれだけか、というと、そうは簡単に言い切れない。

これは米国の国家安全保障問題専門通信社の『ナショナル・セキュリティ・ニュース・サービス（NSNS＝*National Security News Service*）』が二十年にわたる調査結果を二〇一二年四月九日に報じて明らかにしたことだが、米国のレーガン政権（一九八一〜八九年）が、核技術などの国外移転を禁ずる連邦法（カーター政権下に制定の原子力法）をなおざりにし、日本が原子力の平和利用の名の下、核兵器の材料となる軍事プルトニウムを「七〇トン」備蓄するのを支援し

注8　ワシントン・ポスト（二〇一四年三月二十四日付）
→ http://www.washingtonpost.com/world/asia_pacific/japan-us-nuclear-deal-announced-at-hague-summit/2014/03/24/ff20260e-b340-11e3-bab2-b9602293021d_story.html

ていたことがすでに暴露されているのだ。

ＮＳＮＳによると、米側は日本が一九六〇年代から核開発の秘密計画を保持しているのをＣＩＡなどの諜報活動で確認していたが、(注9)レーガン政権は米国内で頓挫したプルトニウム増殖炉の設備や技術の日本への移転を認めるとともに、国防総省の反対を抑え込んで英仏からの再処理プルトニウム海上輸送を容認さえしていた。

この米国による「プルトニウム対日支援」は、レーガン政権下の米国で一九八八年に米上院が批准した「(改定)日米原子力協定」によって承認されたものだが、直接のきっかけは、一九八四年のウェスティングハウス社の原発の中国への輸出問題。これに抗議する日本側を宥めるために、レーガン大統領の「核問題の右腕(right-hand man for nuclear affairs)」と言われたリチャード・ケネディ(Richard T. Kennedy)氏が工作に動いた。

合意された日米協定は、日米の科学者が五年間にわたって研究協力を行なうとともに、米国から輸出された核燃料(の再処理)について三十年間にわたって日本のフリーハンドを認める内容。

このＮＳＮＳの調査報道は、さきに紹介した「日本政府高官」の証言――「日本、一九八〇年代から核開発能力を保持」と合致する。

こうした経緯を考えると、米国のオバマ政権(民主党)は、共和党のレーガン政権が進めた日本の核開発支援の流れを断ち切り、日本の核武装を白紙に戻そうとしているとみることができよう。

その意味でいえば、日本の「フクイチ核惨事」は、日本の核武装をめぐる歴史の転換点で起きた、史上空前の原子力災害であったわけだ。「安全神話」に浸りきってついにトリプル・メルトダウンを起こした日本の核＝原発管理能力を米国のオバマ政権をはじめとする国際社会が疑い、そのあまりにも甘すぎる「核テロ」防止対策の強化と、世界秩序を乱しかねない「核武装」

注9　ＮＳＮＳの調査報道によると、米国のＣＩＡ、ＮＳＡは盗聴など諜報活動により、日本政府が一九六九年、トップレベルで、「必要とあらば、外国からどんなに圧力をかけられようと、核兵器開発の技術的・財源的な手段を維持する」秘密決定をしていたことを知っていた。

Most tellingly, an internal planning document that circulated at the highest level of Japanese government in 1969 stated that Japan would maintain — and, if necessary, develop — the technical and financial means to develop nuclear weapons. In an ominous aside, the paper vowed to do so "no matter what foreign pressures were applied."

ＮＳＮＳはまた、一九九一年に日本の諜報機関が旧ソ連のＳＳ20ミサイルの設計図と一部ハードウエアの入手に成功している、とも報じている。

In 1991, the seemingly airtight security of the Soviet space and missile programs was thrown wide open as scientists fled to the West. Japan's secret service capitalized on the chaos and procured the design and some hardware of an SS-20 missile bus, the critical third stage of the Soviets' then most advanced medium-range ballistic missile. With its three warheads, the SS-20 bus was an engineering treasure, from which Japan learned a great deal about missile guidance. They learned from the Russian missile how to place several warheads on one rocket. The technology, called MIRVing, is key to all modern ballistic missile forces. When one missile disgorges several warheads to an individual target, it is virtually impossible to defend against it.

の放棄を迫るのも、流れとしては当然のことである。

北朝鮮、サミット閉幕にあわせミサイルを発射

さて、「ハーグ核安保サミット」が閉幕した二〇一四年三月二十五日、現地時間の午後六時半過ぎ（日本時間同二十六日午前二時半過ぎ）、北朝鮮が中距離弾道ミサイル「ノドン」とみられるミサイルを二発、日本海へ発射した。ミサイルは六五〇キロほど飛んで、日本海の公海上に落下した。

北朝鮮はよりによって、草木も眠るこの時間帯に、なぜミサイルを東へ向けて発射したか。もちろん、ハーグでの「核安保サミット」の〝成功〟を祝って、発射したのではない。示威行動であるにせよ、北朝鮮がこのタイミングでミサイルを発射したのには、それなりのわけがあった。

何のための、ミサイル発射による威嚇だったのか？

その理由を見定めるには、時計の針をとりあえず、その「二年前」に逆戻りさせる必要がある。二〇一二年三月二十六、二七日の両日、ソウルで「核安保サミット」が開かれた時点に遡る必要がある。

二〇一〇年四月、ワシントンでの初開催に続く、二回目のソウル・サミットは、「ハーグ」同様、「核のテロリズム」の抑止を主要テーマに掲げたものだったが、前年に「フクイチ核惨事」

が起きたことから、会議の基調は「原子炉」をトリプルでメルトダウンさせてしまった日本に対する非難の渦巻くものとなった。

ソウルでの総シカト

ソウルでの日本政府に対する風あたりは、「総シカト」とも言うべき激しいものだった。

野田首相（当時）はオバマ大統領をはじめ、各国首脳と公式の「首脳会談」を持つことができなかった。朝鮮半島の緊張緩和を図る「六カ国協議」の参加国である米・中・露・韓の四カ国がそれぞれ首脳会談を持ったのに対し、野田首相は四カ国首脳の誰とも正式会談を持つことができなかった。断られたのだ。辛うじて、できたのは「懇談」。それもなんと「立ち話」ができただけだった。(注10)

注10　ＴＢＳの報道（二〇一二年三月二十七日付）
→http://news.tbs.co.jp/newseye/tbs_newseye4988189.html
ＴＢＳは以下のように報じている。（太字強調は大沼）
……野田総理は演説に先立ち、アメリカのオバマ大統領や中国の胡錦濤国家主席と個別に**懇談し、**「北朝鮮の人工衛星打ち上げ問題について連携し、打ち上げの自制を促していきたい」などと述べました。（中略）日本政府は北朝鮮の打ち上げ予告直後から中止を強く求めていますが、**六カ国協議参加国の韓国・アメリカ・中国・ロシアがすでにそれぞれ首脳会談を行っていることと比べ、野田総理はどの国とも正式な首脳会談を行えず、話ができても立ち話というレベルで、存在感を示すことはできませんでした。**核安全保障サミットは共同声明を午後に採択し、閉幕する予定です。

野田政権は前年の暮れ、「フクイチ」を「冷温停止状態」に持ち込んだ、と内外に高らかに宣言していた。史上空前の原子力災害の抑え込みに「成功」したわけだから、国際社会から称賛まで行かないにせよ、少なくとも一定の評価はもらえるはずの「ソウル核安保サミット」だった。それがそうはならなかった。なぜか?

考えられる理由はふたつ。ひとつは、当然のことながら、「フクイチ核惨事」という地球規模の原子力災害を引き起こした日本への非難。もうひとつは、にもかかわらず日本政府が、事前に合意されていたサミット決定事項──「核テロ対策」の推進を無視する強引な態度に出たためだ。

「プロトコル破り」をしてまで

その代わりに野田首相は、北朝鮮が予定している「人工衛星」の打ち上げに焦点を合わせる発言、演説を繰り返した。「北朝鮮・人工衛星打ち上げ」問題をサミットのテーブルに持ち出したやり口が、実はサミットそのものの「プロトコル(議定)破り」だった。

そんな野田政権の「プロトコル破り」は、サミットを総括した「ソウル・コミュニケ」を読めばわかる。(注11)

その共同文書の中には「北朝鮮」のキの字も、「人工衛星」のジの字もない。野田首相が演説で「言及した」とする記述すらない。日本政府の策略は結局、功を奏さなかったわけだ。(注12)

そして決定的だったのは、同二十七日発の、この極めつけのロイター電だ。サミットの動きを報じる記事の中で、以下のような驚くべき事実を伝えた。(注13)

日本は火曜日（二十七日）、北朝鮮が翌月、計画しているロケットの打ち上げを攻撃するため、核安保サミットの議題（アジェンダ）から逸脱した……

日本の**野田首相は（サミットの）プロトコル（議定）を無視し、北朝鮮に翌月、計画しているロケット打ち上げを自制させるよう国際社会に迫った……**

サミットに参加した他の主要国はみな、北朝鮮の核の野望や、ピョンヤンが翌月、気象衛星を打ち上げるとしている弾道ミサイルについて触れなかった。

注11　「ソウル核安保サミットのコミュニケ（*Seoul Communiqué 2012 Seoul Nuclear Security Summit*）」
日本政府（外務省）の仮訳は→http://www.mofa.go.jp/mofaj/gaiko/kaku_secu/2012/communique_ky.html
正文（英文）は→http://www.thenuclearsecuritysummit.org/userfiles/Seoul%20Communique_FINAL.pdf

注12　日本の同盟国であるはずの米国・国務省ＨＰの「ソウル核安保サミット」特集ページには、野田首相のノの字もない！
→http://www.state.gov/t/isn/nuclearsecuritysummit/2012/index.htm

注13　ロイター（二〇一二年三月二十七日、ソウル発）「日本は北朝鮮叩きで核サミットの台本から離れる（Japan goes off script at nuclear summit to slam North Korea）」
→http://www.reuters.com/article/2012/03/27/nuclear-summit-idUSL3E8ER0OO20120327

Japan steered off the agenda at a nuclear security summit on Tuesday to hit out at North Korea's plans for a rocket launch next month,……

Japanese Prime Minister Yoshihiko Noda ignored protocol and urged the international community to strongly demand North Korea exercise self-restraint over next month's planned rocket launch.……

No other major leaders mentioned North Korea's nuclear ambitions or the ballistic missile launch which Pyongyang says will carry a weather satellite into orbit.

野田政権は掟破りをしたのだ。国際会議の事前合意であり、外交交渉の基本でもあるプロトコル（議定）を――「サミットでは北朝鮮の核や弾道ミサイル」に触れないとの事前合意に反旗を翻していたのだ。

当然、疑問が浮かび上がる。ではなぜ、日本政府はこんな真似を仕出かしたか？

答えはいまや明らかであろう。

野田政権としては、そうするしかなかったのだ。「北朝鮮の弾道ミサイル打ち上げ」へ批判の目を逸らすしかなかったのだ。たとえ掟破りと言われ、サミットの場で孤立しようが。

こうしたなりふり構わない日本政府の態度に、国際社会は「首脳会談の拒否」と、「コミュニケ（共同声明）での無視」という懲罰で臨んだが、野田政権はそれを代価に望みのものを手にした。日本政府はいつもの手法で、大本営報道の御用マスコミを通じ、国内世論を操作したのである。「ソウル・サミットでは、北朝鮮問題が話し合われました」と。

こうして日本国民は、北朝鮮の人工衛星打ち上げばかりに気をとられ、サミットが「ソウル・コミュニケ」で提起した「核テロ防止」に関する重要なメッセージに気づくことなく、またも情報封鎖の闇のなかに放置されたのである。

「核安保」が「核安全」と結合

「コミュニケ」は以下のように、その前文で宣言していた。ややこしい文章だが、読んでみよう。

核のテロリズムは国際社会の安全保障にとって最も挑戦的な脅威のひとつとしてあり続けている。この脅威に打ち勝つには、グローバルな政治・経済・心理的な結果をもたらし得る、その潜在的な力を踏まえ、各国ごとに強力な対策をとるほか、国際的な協力も必要とする。(注14)

Nuclear terrorism continues to be one of the most challenging threats to international security. Defeating this threat requires strong national measures and international cooperation given its potential global political, economic, social, and psychological consequences.

二〇一一年三月にフクシマ（福島）で事故が起きたこと、および核の安保（セキュリティ）と核の安全（セイフティ）が連結するものである点に注意しながら、われわれは、原子力の、安全かつ安全を保障する平和利用の確保を助ける、首尾一貫した方法でもって、核の安全、核の安保と取り組む、継続的な取り組みが必要だと考える。[注15]

Noting the Fukushima accident of March 2011 and the nexus between nuclear security and nuclear safety, we consider that sustained efforts are required to address the issues of nuclear safety and nuclear security in a coherent manner that will help ensure the safe and secure peaceful uses of nuclear energy.

そして具体項目の「7　核の安保と安全（Nuclear Security and Safety）」で、以下のような必要性を確認。

安全対策と安全保障策はともに人命・健康・環境の保護という共通の目標を持つものであることを認識しつつ、われわれは、核の安保と核の安全策が、原子力施設において、首尾一貫し、共働するやり方でデザインされ、実施に付され、運営されるべきことを確認する。われわれはまた、核の安保と核の安全の両方に対処する仕方で、非常事態への効果的な準備態勢、対応力、事態緩和能力を維持する必要性を確認する。(注16)

Acknowledging that safety measures and security measures have in common the aim of protecting human life and health and the environment, we affirm that nuclear security and nuclear safety measures should be designed, implemented and managed in nuclear facilities in a coherent and synergistic manner. We also affirm the need to maintain effective emergency preparedness, response and mitigation capabilities in a manner that addresses both nuclear security and nuclear safety.

注14　拙訳。日本の外務省の「仮訳」では、以下のようになっている。
「核テロリズムは、国際の安全にとって最大の脅威の一つであり続けている。この脅威に打ち勝つためには、グローバルな政治、経済、社会及び心理的な影響を踏まえると、各国の強固な措置及び国際協力を必要とする」。

注15　同。「二〇一一年三月の福島の事故及び核セキュリティと原子力安全の連関に留意しつつ、我々は、安全で安心な原子力の平和的利用を確保する上で助けとなる一貫した方法で原子力安全及び核セキュリティの問題に取り組むため、持続的な努力が必要とされることを考慮する」。

注16　同。「安全対策及びセキュリティ対策は、人命、健康及び環境の保護という共通した目標を有していることを認識しつつ、我々は、核セキュリティ及び原子力安全対策は、原子力施設において、一貫し、相互補完的な方法で、設計、実施及び管理されるべきであることを確認する。また、我々は、核セキュリティ及び原子力安全の双方に対処する形で、緊急事態への効果的な備え、対応及び緩和能力を維持する必要性を確認する」。

入り組んだ言い方だが――そして、とくに「原発」を挙げているわけではないが――言わんとしていることは明白である。ポイントは、こうだ。「フクシマ（フクイチ核惨事）」が起きたことで「核テロリズム」は、「核安保」と「核安全」を連関させて考えるべきものに変質した、と言っているのだ。

つまり「原発」における事故防止・防護対策（「核安全」）は「フクシマ」によって、「核テロ」に使われかねない核物質・核兵器の管理・拡散防止問題（「核安保」）と同じ水準の重大な問題であることが、今や明らかになった、と。

これはもう、「核（発電＝原発）の安全」管理は「核（兵器・物質）の安全保障」と同じものであり、その防護に失敗すれば、そこで生まれる結果の重大さも変わらない。その意味で「フクイチ」の「核の安全」を怠った日本政府・東電は、「核の安保」の違反者であり、「核のテロリスト」も同然――と言っているようなものなのである。

日本政府は、そんなふうに「被告席」に座らせられるのに耐えきれず、国内世論対策との「合わせ技」で「北朝鮮ミサイル」カードを切ったのかも知れない。

さて「北朝鮮のミサイル（衛星）打ち上げ」問題に関して、記録に残すべきことがひとつある。それは「ソウル核安保サミット」で、なぜ米国をはじめとする各国が「北朝鮮ミサイル（人工衛星）」問題を前面に押し出さず、蓋をしようとしたのか？――サミットの舞台裏で何があり、どんな合意が生まれていたか？――の謎を解き明かすものでもある。

テポドン、ミサワ沖を直撃

「フクイチ核惨事」の十二年前、一九九八年八月三十一日、北朝鮮が弾道ミサイル「テポドン」を発射した。そのとき、北朝鮮は「テポドン」で、何を狙っていたか？

その標的が、なんと米軍の三沢基地であることが分かったのは、「3・11」から半年近く経った二〇一一年八月三十日のことだった。

それも闇雲に撃ってまぐれあたりさせたのではなく、見事、ピンポイントで「三沢基地から六キロの洋上に着弾」させていたのである。

明らかにしたのは、当時、小渕内閣で官房長官を務めていた野中広務氏。同日、青森市内で開かれた農業団体の会合の席で打ち明け、それを地元紙の東奥日報が翌三十一日付の紙面で伝えたのだ。(注17) 東奥日報が報道したこの「野中証言」は、きわめて重要なものなので、記録としてここに記事を引用する。

注17　共同通信電子版（東奥日報記事）二〇一一年八月三十一日付、「北朝鮮テポドン、標的は三沢基地」
→ http://www.47news.jp/news/2011/08/post_20110831094751.html

一九九八年八月三十一日、北朝鮮が日本に向けて発射した弾道ミサイル「テポドン」が、米軍三沢基地を標的にしたものだと米政府が分析していたことを、元官房長官の野中広務氏が〔二〇一一年八月〕三十日、青森市で開かれた農業団体の会合で明らかにした。

北朝鮮は二〇〇六年にも日本海に弾道ミサイルを連続発射するなど、軍事的な脅威を日米に与え続けており、「テポドン・ショック」が日本国内だけでなく、米国における極東の軍事的存在をも脅かす緊急事態だったとあらためて強調した。

野中氏は当時の小渕内閣で官房長官を務めていた。同氏によると、コーエン長官はテポドン発射翌日に来日し、そのまま極秘で米軍三沢基地入り。その後、東京に戻ってから「これほど正確に（テポドンを）撃つことができるという、北朝鮮の米軍基地に対する行動」と野中氏に説明したという。

さらに野中氏は、テポドンについて「三沢基地から六キロの海上に着弾させ、その先は空（から）で飛んだ」とし、ミサイル推進部分から切り離された弾頭が三沢基地近くに落ちた―と述べた。ただ、一九九九年版防衛白書には「飛翔体（テポドン）先端部の外郭を覆っている部分」とみられる物体が三沢沖約六〇キロ地点に落下した―と記されている。

弾頭かどうかについて防衛省広報課は「白書に書いてあることがすべて」とし、取材に対し明確に回答しなかった。三沢から着弾地点までの距離をめぐる野中氏の発言と白書との食い違いでも、同じ説明を繰り返した。

白書によると、テポドンは二段方式で一段目の推進部分と見られる物体を日本海で分離。日本列島を飛び越え先端部分を三沢沖で落下させ、最終的に二段目の推進部分を三陸沖約五二〇キロに着水させた。現在整備が進む日本のミサイル防衛システムは、これを契機にスタートした。

野中氏は「三沢基地がそういう危険な存在であったんだということを初めて知った」と述懐した。……

米国防長官の三沢入り

「テポドン」の照準を「ミサワ」に合わせ、正確に撃ち抜いていた北朝鮮——それは、米軍を驚愕させるものだったに違いない。なにしろ、国防長官がワシントンから飛んで来たわけだから。米軍三沢基地を脅かす新たな事態が起きていたのだ。

米軍三沢基地が沖縄の嘉手納にも劣らぬ、米空軍の主力前進基地であることは、よく知られたことだ。最強のF16を擁する戦闘航空団が配備され、その奥深く、小川原湖のほとりには、「象の檻」と呼ばれる巨大アンテナを有する、極東最大の情報収集基地、「セキュリティ・ヒル（保安の丘）」がある。米国が中心になって構築した地球規模の秘密通信情報傍受システム、「エシュロン」も、このミサワをネットワークの拠点としている、とされる。（注18）

そんなMISAWAが撃たれた！　だから国防長官が、すぐさまワシントンから飛んで来たわけだ。「テポドン」の精度向上――。米軍三沢基地を脅かす、新たな局面が、すでに一九九八年八月末の時点で生まれていた。そしてそれを、わたしたち一般国民が知ったのは、二〇一一年八月末のこと。十三年も経ったあとのことだった(注19)。

しかし、それにしても何故、野中氏は二〇一一年八月末というこの時点で、わざわざ「機密」の封印を解いてみせたのだろう？

わたしは、野中広務氏の発言が、「フクイチ核惨事」の半年近くあとに行なわれたことに注目せざるを得ない。

二〇一一年八月末といえば、「フクシマ後」初の「ヒロシマ・ナガサキの日」を終えた時点であり、東電福島第一原子力発電所の事故の実相がますます明らかになり始めたころのことである。そのタイミングで野中氏はなぜか、ミサワを狙った「一九九八年のテポドン」を、わざわざ持ち出していた……。

わたしは野中氏が、「フクイチ核惨事」が起きて、日本の原発など核施設の脆弱性が一気に露わになり、通常弾頭のミサイルが撃ち込まれただけで破局に直結する、容易ならざる、厳しい時代の到来に警鐘を鳴らしたかったのだと思う。

北朝鮮の「テポドン」がＭＩＳＡＷＡをピンポイントで狙うことができたとすれば、「核の業火」がなおもくすぶり続けるフクイチの現場や、三沢基地のすぐ北の「六ヶ所」や若狭湾の「原発銀座」なども攻撃することができる……。

注18　東奥日報電子版（Web 東奥）「米軍三沢基地」を参照。

→http://www.toonippo.co.jp/kikaku/misawa/index.html

また、前述の報道記事を受けた二〇一一年九月四日付の東奥日報・社説、「お粗末な政府の防衛認識／テポドン事件の真相」は、以下のように解説している。

→http://www.toonippo.co.jp/shasetsu/sha2011/sha20110904.html

……米軍三沢基地は冷戦時代から、旧ソ連、中国、北朝鮮に対する攻撃基地として位置付けられてきた。

冷戦崩壊後に最優先目標として浮上したのが北朝鮮だ。国際社会の制止をよそに核開発にひた走る北朝鮮は、世界の警察を自認する米国にとって「ならず者国家」そのものだった。

そのため、三沢のF16戦闘機は北朝鮮の核関連施設や防空施設攻撃のための訓練を繰り返し対北朝鮮のエキスパート部隊となった。

開戦の一歩手前にあった一九九四年の米朝核危機の際、極秘に韓国本土に派遣されていたのが三沢のF16といえば、その位置づけがよく分かるだろう。

その事実を十分に承知していたからこそ、北朝鮮は最新ミサイル・テポドンの初めての標的に米軍三沢基地を選んだのである。……

注19　この点について、前掲の東奥日報・社説は、以下のように述べている。

……ただ、問題は事件に対する日本政府の認識だ。野中氏は「防衛上ゆゆしいことだと感じ、三沢基地がそういう危険な存在であったんだなということを初めて知った」と告白する。

当時の政権の率直な感想と受け取れるが、国民の生命と財産を守るために存在するはずの組織が、三沢の危険性をこの時「初めて知った」ではお粗末すぎる。

一般的に日本の政治家は内政にたけているものの外交・防衛、特に安全保障問題が苦手とされるが、その現状を浮き彫りにしている。米国の核の傘を幸いとばかりに研究をなおざりにしてきたツケともいえる。

今回の野中証言によって、三沢が激動する東アジア情勢の渦中にあるという厳しい現実を初めて知ったという県民も多いだろう。……

野中氏はつまり「フクイチ核惨事」を契機に、この国の原発など核施設が安全保障上の大問題として急浮上したことを訴えたかったのではないか。

ミサイル発射を「南」に変更

野中氏の発言から三カ月後――「3・11」から八カ月後の二〇一一年十一月、米政府高官が極秘に平壌を訪れ、北朝鮮高官と接触する「米朝秘密協議」が開始された。

朝日新聞が二〇一三年二月十五日付朝刊で報じたところによると、米高官の平壌入りは二〇一一年十一月から二〇一二年八月にかけて、少なくとも三回、行なわれたが、「米政府から日本政府に対して公式な説明はなかった」(注20)。日本政府は「蚊帳の外」に置かれていたのである。

この極秘会談の過程でいったい何が話し合われ、何が決まったかは、「ソウル核安保サミット」での米国の態度と、その後の北朝鮮の対応を見れば、今や明らかだろう。

このとき、北朝鮮は米国に対して、ミサイル(人工衛星打ち上げロケット)「銀河3号」を、平安北道鉄山郡東倉里の発射場から「南方」に向けて打ち上げることを約束したのだ。「ミサワ」や「フクイチ核惨事」の現場のある「東方」ではなく、わざわざ南に向けて(注21)。

「北」は米国との秘密交渉の中で、東へ、原発と米軍基地のある日本列島の本土へ、「ミサイル」を撃たない、と確約したのだ。そしてこの「銀河3号」の「南方打ち上げ」に対し、米政府は、「ソウル・サミット」前に同意を与えていた。

だから、米国は「ソウル・サミット」で「北朝鮮ミサイル」問題を前面に出さず、引っ込めた。「ソウル・サミット」では、「北朝鮮ミサイル」問題を棚上げすることが、米主導で事前に決まっていた。そのプロトコル（議定）を破ったから、野田首相は総シカトされたのである。米国がなぜ、「南」へ向けた北朝鮮の「ミサイル」発射に〝秘密の了解〟を与えたかは最早、

注20　朝日新聞「米高官、極秘訪朝3回　11年末以降　日本は疎外」電子版記事は→http://www.asahi.com/international/update/0215/TKY201302140531.html

同紙はこう報じている。

【牧野愛博】米政府高官が二〇一一年十一月から昨年八月にかけて少なくとも三回、平壌で北朝鮮の政府高官と極秘に接触していたことがわかった。米政府から日本政府に対して公式な説明はなかった。北朝鮮の三回目の核実験を受け、日米間の緊密な連携が求められているが、同盟国・日本でさえ共有できない「情報の壁」が浮き彫りになった。

日米韓の政府関係者らが明らかにした。一一年十一月、米領グアムの空軍基地を出発した米軍機が横田基地でブルドーザーなどの重機を積み込み、平壌に向かった。米太平洋軍関係者らが搭乗していたとみられ、北朝鮮側と朝鮮戦争当時に行方不明になった米兵の遺骨捜索と収集方法について協議したという。

一二年四月七日と八月十八～二十日には、それぞれ米軍機がグアム基地と平壌間を往復した。搭乗者は米国家安全保障会議（NSC）のセイラー朝鮮部長と、国家情報長官室のデトラニ北朝鮮担当主任（昨年五月に離任）とみられる。北朝鮮の張成沢（チャンソンテク）国防副委員長らと面会し、金正日（キムジョンイル）総書記死去後の政策などを探ったとされる。……

注21　そして実際、北朝鮮は「地球観測衛星・光明3号」を搭載したとする「銀河3号」ロケットを二〇一二年四月十三日に、フィリピン東方へ向けて打ち上げた。しかしブースト段階で不具合が生じたため失敗に終わった。北朝鮮は同年十二月十二日、再度の、「南」に向けた打ち上げには成功している。

言うまでもなかろう。オバマ政権としては、「核のテロリズム」を協議する「ソウル核安保サミット」に合わせた、「北朝鮮のミサイル、日本列島上空を通過」という事態を避けたかったからである。万が一にも「フクイチ上空」にミサイルが飛ぶような緊迫した事態だけは回避したかったからに違いない。

究極のテロル

「原発」という存在そのものが「核自爆」を起こし得る、究極の恐怖《テロル》である――この冷厳な事実を、日本の当局がいかに軽視して来たことかは、「ウィキリークス」が暴露した、米国務省の東京大使館発機密電を見てもわかる。

「フクイチ核惨事」が起きて間もない二〇一一年五月、ニューヨーク・タイムズとウォールストリート・ジャーナルが、ともに八日付（ジャーナル紙の日本語版は九日付）で報じた東京特派員電は、暴露された機密電の内容を紹介し、日本当局の「原発テロ」対策のお粗末さに対し、米側がいかに大きな懸念を抱いていたか、伝えるものだった。

まず、ニューヨーク・タイムズの報道から見てみることにしよう。

マーティン・ファクラー特派員による「日本の原発サイトが米国の懸念を呼んでいた（*Japan's Nuclear Sites Raised U.S. Concerns, Cables Show*）」（注22）によると、二〇〇七年二月二十七日付の米国務省・東京大使館発機密電は、「主要なプルトニウム貯蔵施設」である「東海村」に

「武装ガード」が配置されていないことを問題視し、所管する文科省に伝えたところ、「武装警官を配置するのを正当化するだけの脅威は存在しない」と一蹴された、と報告している。

この東京大使館発機密電はまた、「東海村」で働く「作業員」の身元調査について質したところ、文科省側から「憲法上の制約もあり、非公式（unofficially）に行なっている。（作業員の）プライバシーの問題もあり、身元調査を恒常化することができないでいる」との回答があった。

核施設への「武装ガード」の配備、及び、立ち入り可能な作業員らに対する厳重な「バックグラウンド・チェック（background checks）」は、「核テロ」予防策の基本中の基本。それをないがしろにしている日本当局の甘さを指摘した機密電だった。

出来芝居のテロ訓練

タイムズ紙のファクラー特派員は、日本政府が二〇〇五年十一月二十七日、福井・美浜原発で初実施した「テロ実働訓練」に関する東京大使館発機密電（二〇〇六年一月二十七日付）[注23]も紹介している。

この機密電についてはウォールストリート・ジャーナルも取り上げているので、こんどはそ

注22　ニューヨーク・タイムズ→http://www.nytimes.com/2011/05/09/us/politics/09tokyo.html?_r=0
注23　この機密電の全文は、以下の『ウィキリークス』サイトを参照。→http://wikileaks.org/cable/2006/01/06TOKYO442.html

の日本語版の報道で見ることにしよう。(注24) ジャーナル紙は、こう報じている。

北朝鮮が不安定で攻撃的な核政策を追求していることと、イラク、アフガニスタンでの米国主導の作戦に対する日本の役割を受けて、日本政府は近年、テロ対策を強化した。しかし、一部原子力施設で物理的な対策を強化したとはいえ、東京の米大使館から送られた公電では、欠陥と考えられる点が詳述されている。

例えば、日本はテロ攻撃に対してどう対応するか大規模な訓練を実施しているが、二〇〇六年に訓練を見学した**米当局者は、訓練の台本があまりに周到に計画され過ぎていて、訓練の現実味がかえって薄れてしまっていると公電で書き送っていた。**

日本が初めて政府肝いりで核テロに対する訓練を実施したのは二〇〇五年十一月のことで、福井県の美浜原発で二〇〇〇人近くが参加した。

この訓練の模様を詳述した二〇〇六年一月の公電によると、東京の米大使館当局者は訓練前に現地を訪問した。その際、福井県の当局者は米側当局者に対し、北朝鮮の潜水艦が周辺水域に出没していたことがあると述べ、北朝鮮によるテロ攻撃〔へ〕の脆弱性を懸念していると語った。米当局者は「この期間中、警備体制が敷かれたが、欠陥があるようだ」とし、「訪問した当日、商業原子力施設で警官がいたのを目撃したが、6人ばかりの警官の乗った軽装備車両で、警官の一部は居眠りしていた」と伝えた。

「あまりに周到に計画され過ぎている」と米国務省・東京大使館員が不安を覚えた日本政府の「対原発テロ攻撃訓練」――の姿を、(注25)より具体的に見てみよう。

内閣官房・国民保護ポータルサイトに掲載された訓練概要および資料(注26)によると、訓練は二〇〇五年十一月二十七日午前七時、「国籍不明のテロリストが迫撃砲を美浜原発に撃ち込み、同原発2号機が一部損傷、冷却が停止した」との「想定」で実施された。

しかし、迫撃砲の砲撃を受けたにもかかわらず、損害は軽微との「想定」。同日午後二時五十分には「冷却能力を復旧、放射能漏れの回避にも成功」。山と海に逃げたテロリストたちも、

注24　ウォールストリート・ジャーナル日本語版、「日本の原発、テロ攻撃対策も不十分―ウィキリークスの米外交公電」

→http://jp.wsj.com/public/page/0_0_WJPP_7000-233102.html?mg=inert-wsj

英語版"U.S. Criticized Tokyo's Nuclear Plan は、

→http://jp.wsj.com/public/page/0_0_WJPP_7000-233102.html?mg=inert-wsj

注25　前掲のニューヨーク・タイムズによると、二〇〇六年十一月二日付の東京大使館発機密電は、東海村での「対テロ訓練」で、参加者に「事前の訓練シナリオ（advance copies of the scenario）」が配布されていた、と本省（国務省）に報告している。

注26　内閣官房「福井県における実働訓練の概要」

→http://www.kokuminhogo.go.jp/torikumi/kunren /171127.html

参加者・見学者配布資料

→http://www.kokuminhogo.go.jp/pdf/171127shiryou.pdf

その頃には全員、「逮捕」される、という「シナリオ」。つまりは、すべて「想定内」だったわけだ。

「交戦訓練」なし

訓練とか演習にはもちろんある程度の段取りは必要だが、「ウィキリークス」が暴露した東京大使館発機密電(注27)にあたると、米側がとりわけ何を問題にしていたかがわかる。大使館員は、「シナリオ通り」のハッピー・エンディングだけを問題にしていただけではなかった。訓練の中に、米国では「対原発テロ訓練」で必ず実施される「交戦(Force-on-Force＝FoF)訓練」が含まれていなかったことを問題視していたのである。

原発を迫撃砲で攻撃した「テロリスト」が、軽機関銃などで武装していないわけがない。その「武装テロリスト」たちを追跡し、包囲に成功しても、やすやすと白旗を掲げるはずはないから、どうしても武力で鎮圧せざるを得ない場面が出てくる。すなわち、自衛隊の出動・交戦・武力鎮圧まで想定しないわけにはいかないのだ。

日本政府が、模擬弾を使った「交戦訓練」をメニューに加えなかったのは、実戦に到らざるを得ない「原発テロ」の恐怖が広がるのを防ぎ、「原発安全神話」の暢気さを無傷のまま守り通したかったためと見られるが、「フクイチ核惨事」が紛れもなく示したように、「原発」の防護の失敗は、絶対に許されないものなのだ。

それをまるで普通の防災訓練並みの「お芝居」でお茶を濁していた日本政府の当局者たち。今後は「ソウル核安保サミット」の「コミュニケ」で示され通り、「核テロリズムが世界最大の脅威（のひとつ）」である現実に真正面から向き合う必要があろう。

「機関銃装備の警官隊が一二の原発を警備」

二〇一三年一月三十日、NHKが伝えた「日本の警察が原発などをすでに機関銃などで警備している」とのニュース(注28)は、日本政府が「ソウル・サミット」での合意事項をようやく具体化したことを報じたもので、米国務省の東京大使館のスタッフも注目したに違いない。NHKはこう報じた。

イスラム過激派などによるテロの脅威が依然、高い状態にあるなか、警察庁は全国の原子力関連施設の警備を強化するため、警戒に当たっている警察の部隊が使う機関銃や防弾車両などの装備を大幅に増強することを決めました。

国内の原子力関連施設については、テロの標的になるのに備えて機関銃などを装備した

注27　前掲　注23の機密電の第7項を参照。
注28　NHK「原発警備　機関銃や防弾車両を大幅増強」
→http://www3.nhk.or.jp/news/html/20130130/k10015154711000.html

警察の銃器対策部隊が二十二カ所の原子力発電所などに常駐し、二十四時間態勢で警戒に当たっています。

警察庁は、イスラム過激派などによるテロの脅威が依然、高い状態にあるなか、銃器対策部隊の機関銃や防弾車両などの装備を大幅に増強することにしたもので、原子力関連施設の警備のための予算としては今年度の四倍余りに当たる一七億五〇〇〇万円を新年度予算案に盛り込みました。……

なんと、国内二十二の原発に機関銃で武装した警官隊が常駐し、すでに二十四時間体制で警備にあたっている、というのである。自衛隊ではなく警官隊が実弾を込めた機関銃を構えているのだそうだ。

北朝鮮テロ部隊が原発破壊のため米国に潜入

北朝鮮の金正恩の暗殺を題材にしたハリウッド映画「ザ・インタビュー」の上映問題で、制作した「ソニー・ピクチャーズ」に対しコンピューター攻撃が行なわれ、オバマ大統領が北朝鮮に対する制裁を強化する騒ぎが起きた二〇一四年の暮れ——。

米国の『ワシントン・フリービーコン（*The Washington Free Beacon*）』紙が、情報公開請求で入手した米国防総省傘下の情報機関、「米国防情報局（ＤＩＡ＝Defense Intelligence Agency）」の

機密文書の内容を報じ、米国だけでなく原発を持つ国々の関係者に衝撃を与えた。(注29)

公開された二〇〇四年九月十三日付のＤＩＡ報告文書は、北朝鮮が一九九〇年代に五つの秘密特殊部隊（covert commando teams）を米国内に侵入させ、有事の際、米国内の原発、および主要都市で破壊活動を行なう態勢にあったことを把握し、上層部に報告したものだった。

同時に公開された一九九八年当時のＤＩＡ報告文書によると、「ジャクソン」という名の、かつて米空軍に所属していた米国人亡命者が、アメリカ・アクセントの英会話教育にあたるなど、北朝鮮の狙撃兵を米国へ送り込む訓練を続けていたことも把握していたという。

ＤＩＡとはあまり聞きなれない情報機関だが、一九六二年の「キューバ危機」に際し、キューバからのソ連ミサイルの撤去を空からの偵察活動で確認(注30)するなど、米ソの核戦争回避に決定的な役割を果たした、米国防総省の諜報組織である。

一九九〇年代に北朝鮮が米国内の原発を狙って送り込んだコマンド部隊がその後、どうなったかは不明だが、原発テロの準備が、ほかならぬＤＩＡ文書で明らかになった意味は大きい。日本国内にも当然、朝鮮半島有事に備え、コマンド部隊を送り込んでいる可能性も否定でき

注29　『ワシントン・フリービーコン』、「ＤＩＡ　北朝鮮が米国の原発の攻撃を計画（*DIA: North Korea Planned Attacks on US Nuclear Plants*）」（二〇一四年一二月一八日付）

→http://freebeacon.com/national-security/dia-north-korea-planned-attacks-on-us-nuclear-plants/

注30　たとえばＤＩＡの「キューバ危機ブリーフィング」（一九六三年二月六日付）を参照。

→http://www.dia.mil/About/History/DIACubanMissileCrisisBriefing.aspx

ないからだ。

日本でかつて「拉致事件」が頻発したように、北朝鮮の特殊部隊の上陸を水際で防ぐことは至難の技である。日本の「原発」が北朝鮮のかっこうのターゲットになりうるとわかったからには――北朝鮮が米国にまで特殊部隊を送り込んだことがわかったからには、日本としてとりうる最大の防御とは、「脱原発」であるだろう。

それは最大の防御というより、唯一、有効な防衛策といえよう。

第7章　フクシマ・ファシズム

ツイートひとつで捜査・送検

青い鳥ロゴでおなじみの「ツイッター」。そこでまさに百家争鳴のごとく発せられている「ツイート（tweet）」とは、もともと「小鳥がチッチッと鳴く」、英語の動詞である。それが転じて、一四〇字以内の短文でつづるミニ・ブログとなったわけだが、ツイッターの公式ホームページ（英語）はこれを、実に簡潔にこう定義している。(注1)

ツイートとはその瞬間や考えの表現である。

注1　ツイッター公式ホームページ
→ https://about.twitter.com/what-is-twitter/story-of-a-tweet

A Tweet is an expression of a moment or idea.

ネット上で、その時々の思いを投げ合い共有する。それがツイッターという情報ツールの役割であり、存在理由である。そしてネットでツイートを「公開」する、とは文字通り、自分の瞬間の思いを「公《おおやけ》に開く」こと。それはネットという公共の場での、折に触れて為す意見、主張、感想などの表現である。

公の場での表明だから、反響もある。共鳴もあるだろうし、反発もあるだろう。短文での表明だから、意を尽くせないこともあるし、誤解や怒りを買うこともあるはずだ。そんなときはツイッター同士が当事者間でツイートを交わし、相互理解を深めることもできる。ツイッターとはつまり、相互コミュニケーションのツールでもある。

「フクイチ核惨事」の被曝問題でツイッター活動を（も）しているA子さん（沖縄在住）が「ツイートA」を表明した。そのツイートに自分のことを（も）書かれ、侮辱されたと思った、これまたツイッター活動を（も）しているB子さん（福島県在住）が、その「ツイートA」を「証拠」に、A子さんを刑法の「侮辱罪」で地元警察に告訴した。

そして警察はこの告訴を受理し、捜査員を沖縄に派遣して事情聴取して書類送検し、地方検察庁の判断を仰ぐことになった……。

言論の自由を認める民主主義国家で、ツイッターのツイートに刑事責任が課され、刑事罰が下されるかどうか——世界の関係者が息をのんで見守り続けた「事件」は、こんなツイートで始まった（そこに記された上記B子さんにあたる人物の名は、「一件落着」した事件の「告訴人（被害者）」でもあり、ペンネームではあるが伏せることにする）。

世紀の罪人二人に共通項↓日本に原発導入した中曽根康弘「二〇一一年の日本がこんなにくたびれているとは思わなかった。」福島で人体実験エートスを主催する（御用）市民活動家、B子「戦後六七年かけて辿り着いたのが、こんな世界とかや。」—長崎の日にて

念のためにいうと、刑事告訴したのはB子さんで、元首相の中曽根康弘氏は告訴に名を連ねていない。中曽根元首相の発言は、NHKテレビ「ニュース9」（二〇一一年九月十五日放映）でのインタビューに対するもの。

A子さんはこの中曽根元首相の発言とB子さんの和歌を並べて、そこに「世紀の罪人」として「共通項」がある、とツイートしたのだ。二〇一二年十一月四日のこと。

中曽根元首相とB子さんの間にどんな「共通項」があるか、ツイートには字数の制限があるせいか、説明の記述はない。

このツイートをしたA子さんとは、翻訳や通訳をしながら、ツイッターのほかブログでも

「反原発」の啓発活動を続ける竹野内真理さんである。(注2)

その彼女が、福島県警いわき南署から、B子さんより、上記ツイッターで侮辱罪での刑事告訴が出たと告げられたのは、ツイートしてから二年以上経った、二〇一四年一月二十九日のこと。

この告訴は受理され、二月十三・十四日には、はるばる沖縄の彼女の自宅に福島県警の捜査員が来て事情聴取を行なった。

「言論ファッショ」の危惧

事態の急展開のなかで竹野内真理さんはツイッターなどで国内外に、日本語・英語で状況を説明し、支援を求めるアピールを発信し、日本国内のみならず国際社会の関係者の知るところとなった。

母親の一人として、被曝地から子どもたちを避難させるよう訴え続けてきた竹野内さんは、その厚みと深みのある日英バイリンガル・ブログでの活動により、フリージャーナリストとして内外で知られた人。

反原発・反被曝を訴え、報じ続けてきた女性フリージャーナリストがツイートひとつで警察の捜査を受けたとあって、世界中の関心が集まる事態となった。

B子さんにはもちろん、彼女として正当な怒りがあり、日本国民の一人として法の定めに基づき警察に訴える権利がある。(注3) 内外の関係者が問題としたのは、B子さんの告訴そのものではなく、ツイッターというコミュニケーション・ツールを使った「言論行為」を「犯罪」として取り締まりの対象とし、捜査に入った日本の当局の姿勢だった。反原発・反被曝運動を抑え込む「言論ファッショ」を許してはならないとする危惧が国内外に広がったのである。

警察が送検して検察が起訴すれば、竹野内さんは裁判で刑事罰を受ける可能性が出て来る。弁護士を雇う費用もままならぬ竹野内さんを支えようと、救援活動は国境を超えて広がり、世界規模でオンライン署名によるネット請願運動を進める『アヴァーズ』のサイトでは同年二月

注2　竹野内真理さんのツイッターは　→https://twitter.com/mariscontact
同じく、竹野内さんの日英バイリンガル・ブログ、Save Kids Japan は、
→http://savekidsjapan.blogspot.jp/

注3　一方、竹野内真理さんにもまた、彼女なりの言い分がある。問題のツイッターで言わんとしたことの意味を、ブログで以下のように説明している。

そして、福島事故後に、中曽根氏がそもそも日本に導入した原発のおかげでこれだけの被害が出ているのにも関わらず、自らの責任を顧みない上記のセリフを……番組でおっしゃいました。
また〔B子氏は〕なんと長崎の日、自らは（福島の子供たちの被曝問題を無視して）、国際原子力ロビーをバックにした偽りの安全神話をふりまきながら、まるで自分が被害者であるかのような語り口の歌を詠んでいます。
共通点があると思いました。原発導入と子供たちへの積極的な被曝放置という行為を自分たちがやっているにもかかわらず、まるで知らんぷりをしている。

→http://savekidsjapan.blogspot.jp/2014/02/ethos-leader-accused-takenouchi-of.html?spref=tw

十二日、アメリカ人女性の呼びかけで、福島地検いわき支部あて「竹野内真理と放射線防護をサポート（*Support Mari Takenouchi and Radiation Protection*）」する署名運動（英文）を開始。（注4）

「国境なき記者団」も批判声明

パリに本部を置く「国境なき記者団（Reporters Without Borders）」も、報道・情報の自由、ジャーナリストの権利を守る国際組織としてすばやく反応し、三月十一日付で竹野内真理さんに対する刑事告訴を批判し、フクイチ核惨事をめぐる、日本での「検閲」「自己検閲」規制の蔓延を遺憾とする声明を発表した。（注5）

声明のなかでベンジャミン・イズマエル・アジア太平洋デスク長はこう指摘した。

竹野内真理さんへの告訴は、原子力ロビーに関係する諸団体が、反対意見に猿轡をはめている、もうひとつの実例である。

地検支部が判断を下す直前の同五月十二日には、世界的な有力ネット・メディアの『ヴァイス（*Vice*）』がこの問題を取り上げ、（注6）日本の警察・検察当局をこう批判した。

二〇一二年、一万五〇〇〇人を超すフクシマ原発周辺の住民たちが福島地方検察庁に、東電と日本政府が二〇一一年三月のメルトダウン対策、およびその後の廃炉対策で犯罪的な怠慢を続けているとして刑事告訴を行なった。

しかし、福島県警は捜査を拒否し、検察官たちは東電に対するすべての告訴をひそかに退けた……。

そうしたなかで福島の警察と検察官たちはマリ・タケノウチという四七歳のシングルマザーに目をつけた。原子力のロビイスト（nuclear lobbyist）を批判した一通のツイートを

注4　『アヴァーズ（ＡＶＡＡＺ）』（アヴァーズは中東・アジアの一部言語で「声」の意味。二〇〇七年にニューヨークで創設された国際的なＮＧＯ＝非政府機関）

→https://secure.avaaz.org/en/petition/Office_of_the_Prosecutor_Iwaki_Branch_Fukushima_Japan_Support_Mari_Takenouchi_and_Radiation_Protection/?wMBMiab

『アヴァーズ』はこの英文の署名・嘆願運動に合わせ、同趣旨の日本語による署名・嘆願活動、「福島県検察庁殿：ジャーナリストの竹野内真理氏（Save Kids Japan）を起訴しないでください」も行なった。

→https://secure.avaaz.org/en/petition/Fu_Dao_Xian_Jian_Cha_Ting_Dian_ziyanarisutonoZhu_Ye_Nei_Zhen_Li_Shi_Save_Kids_JapanwoQi_Su_sinaidekudasai/?tw

注5　「国境なき記者団」声明、「原子力ロビーは核惨事三年後の今なお、独立報道に猿轡をはめ続けている（*Nuclear lobby still gagging independent coverage three years after disaster*）」

→https://en.rsf.org/japan-nuclear-lobby-still-gagging-11-03-2014,45980.html

注6　『ヴァイス』、「たった一つのツイートがいかにして、一人の日本人の反原発活動家を刑務所送りにすることができるか（*How a Single Tweet Could Land a Japanese Nuclear Activist in Jail*）」

→https://news.vice.com/article/how-a-single-tweet-may-land-a-japanese-nuclear-activist-in-jail

彼女が書いたことがその理由である。タケノウチはそれで刑務所行きとなるかも知れない。『ヴァイス』という世界の多くの若者たちに支持されたネット・メディアは、東電や政府には盾突かず、非力なフリージャーナリストには強権的にふるまう、その姿勢を問いただしたのだ。強いものにはしっぽを振る一方で、弱いものいじめには精励する日本の警察・検察のイメージが、ネットを通じ、世界中にばらまかれたのである。

『ヴァイス』の記事はさらに、立教大学社会学部の服部孝章教授（メディア論）の「もし、原子力をめぐる議論が刑事犯罪捜査の根拠となるなら、言論の自由（freedom of speech）は消滅する。県警が送検したこと自体、憂慮すべきことだ」とするコメントを紹介し、危機に立つ日本の「言論の自由」について警鐘を鳴らした。

竹野内真理さんのたったひとつのツイートに対する福島県警、福島地検の捜査は、それだけの重大な意味を持つものと受け取られていたのである。

この『ヴァイス』の記事にすこし補足しておくと、冒頭に書かれた「福島原発周辺住民たちによる刑事告訴」とは、「福島原発告訴団」（武藤類子団長）による告訴を指す。

東電の取締役や、原子力行政に携わってきた原子力安全・保安院や原子力安全委員会の専門家ら三三人を業務上過失致傷罪や「公害犯罪処罰法」違反で福島地検に告訴。二〇一三年九月九日、移管先の東京地検がこれを「不起訴」としたので、東京検察審査会に申し立てた結果、二

○一四七月三十一日、東京第五検察審査会が東電の勝俣元会長など三人について「起訴相当」と議決、東京地検に再捜査するよう差し戻す経過をたどっている。(注7)

一方、『ヴァイス』が「原子力のロビイスト」とした「B子さん」だが、いわき市に本拠をおく「福島のエートス」(注8)という団体を主宰している方だ。住民対話集会や小学校でのイベントなど「住民が主体となって地域に密着した生活と環境を回復させていく実用的放射線防護文化の構築を目指す」活動を続けている。

「二〇一一年十一月ごろ」、B子さんが立ち上げた「会員数一〇名に満たない小さな団体」で、全員が福島県内在住、これを専業にしている人はいないそうだ。

注7　「福島原発告訴団」については、その公式ホームページを参照。
→http://kokuso-fukusimagenpatu.blogspot.jp/
　原告団はその「告訴宣言」（二〇一二年三月十六日付　ホームページ内に収録）で、福島原発事故を「日本の歴史上最大の企業犯罪」ととらえ、「このような事態を招いた責任は、『政・官・財・学・報』によって構成された腐敗と無責任の構造」の中にあると指摘し、「原発の危険を訴える市民の声を黙殺し、安全対策を全くしないまま、未曾有の事故が起きてなお『想定外の津波』のせいにして責任を逃れようとする東京電力、形だけのおざなりな『安全』審査で電力会社の無責任体制に加担してきた政府、そして住民の苦悩にまともに向き合わずに健康被害を過小評価し、被害者の自己責任に転嫁しようと動いている学者たちの責任は重大です。それにもかかわらず、政府も東京電力も、根拠なく『安全』を吹聴した学者たちも誰一人処罰されるどころか捜査すら始まる気配がありません。日本が本当に法治国家かどうか、多くの人々が疑いを抱いています」と、刑事告訴に踏み切った理由を述べている。

注8　「福島のエートス」について詳しくは、以下のサイトを参照。
→http://ethos-fukushima.blogspot.jp/

「福島のエートス」の英文表記は、「ＥＴＨＯＳ　ＩＮ　ＦＵＫＵＳＨＩＭＡ」。

会則によると「エートス」とは、「住民が主体となって地域に密着した生活と環境を回復させていく実用的放射線防護文化」を意味する。

チェルノブイリ事故後、ベラルーシで行なわれた「エートス計画」を、会を始めたころ、参考にしたことがあるという。会のサイトには、そのプレゼン資料、「忙しい人用纏めエートス」が掲載されており、はじめてアクセスした人に対して、閲覧を推奨している。（注9）

それによると、ベラルーシの「エートス」とは「ＥＣ（ヨーロッパ共同体）各国の専門家チームにより、ベラルーシ政府とベラルーシの民間のベルラド研究所と協力して行なわれ」たものだそうだ。「住民が主体となって、検査体制と医療体制といった行政のバックアップを背景に、積極的に汚染地内での生活と環境を回復させていく試みです。外部の専門家が上から命令するのではなく、住民が実計測によって不安を解消し、工夫をしながら生きていくプロセスを作り出すのを目標としています」。

「福島のエートス」は、このベラルーシの「ＥＴＨＯＳ」のスライドを翻訳し配布する活動から歩み出したそうだ。

それでは「福島のエートス」は何を目指すか？　「忙しい人用纏めエートス」にはこうある。


原子力災害後の福島で暮らすということ。

それでも、ここでの暮らしは素晴らしく、よりよい未来を手渡す事ができるということ。
それを少しずつ、かたちにしていく事を目指しています。

被曝地に暮らしながら、展望を切りひらき、よりよい未来をなんとか次の世代に手渡したいという思いが伝わってくる一文ではある。

「安心神話の伝道師」

さて「福島のエートス」が発足当初、参考にしたという、ベラルーシの「エートス」を主導した人物とは、東京新聞[注10]によれば、フランス人のジャック・ロシャール氏である。ICRP（国際放射線防護委員会）第四委員会の委員長で、フランスの「原子力防護評価研究所（CEPN）」の所長も務める。

そして、このCEPNとは何かというと、『国際原子力ロビーの犯罪』（以文社）の著者でもある、フランス在住のジャーナリスト、コリン・コバヤシ氏の指摘によると、「フランスの原子力

注9　「忙しい人用纏めエートス」→https://docs.google.com/file/d/0BxqSmDmQ78xCNjFjYjg1ODYtYjMwMi00NDA5LTliYTgtZGYxMGE2OGM2Zjgy/edit
注10　東京新聞（電子版）、「こちら特報部　新日本原発ゼロ紀行　福島第一編」（二〇一四年一月一日付）→http://www.tokyo-np.co.jp/article/tokuho/list/CK2014010102000109.html

庁や、世界最大の原子力産業グループ・アレバが一体となって……設けた」ものだ。

ということは、ロシャール氏とは原子力産業寄りの人物ということになる。

そういうジャック・ロシャール氏が「チェルノブイリ事故後の一九九六年から五年間、ベラルーシを舞台にした放射線防護計画『エートス・プロジェクト』を主導」し、それが「福島のエートス」に参加した人々の目にとまったわけだが、コバヤシ氏は「ロシャールは経済学者。カネのかからない防護策として住民に責任を委ねる手法を考え出した。汚染地域に住み続けることが前提なので、〔ベラルーシで〕健康被害が広がったという報告もある」と酷評する。

同じ東京新聞の特報記事によると、このジャック・ロシャール氏は、ICRPの委員でもある福島県立医科大の丹羽太貫特命教授が他のICRP委員とともに、二〇一一年十一月以降、県内の自治体や医師会、農協の幹部らを招いて開催した「ICRPダイアログセミナー」にも、わざわざ来日して参加したことがある、いわば「『安心神話』の伝道師」なのである。

「福島のエートス」は、そうしたロシャール氏ともつながり、二〇一四年九月四日には来日したロシャール氏と、いわき市北部衛生センター内の飛灰仮置き場で見学会を開き[注11]、一緒に放射線量を測定するなど交流を続けている。

こうした「福島のエートス」の活動に対して、B子さんの刑事告訴で福島県警の事情聴取を受けた竹野内真理さんは否定的な立場をとる。

「長期にわたり汚染した土地で工夫しながら暮らしていくという『福島エートス』計画は大変

危険です。汚染地帯の人々の故郷を離れたくないという心情を利用して、住民、特に子供たちの健康を犠牲にするものです」などと厳しく批判。

ベラルーシの「エートス」についても、彼女自身、交流のある元スイス・バーゼル大学医学部教授、ミッシェル・フェルネックス医学博士の著書、『終わりのない惨劇』（緑風出版）から、「チェルノブイリから真西に二〇〇キロの〔ベラルーシ〕ストリン地区ではフランスのチームが農業や暮らし方の教育を始め多大な援助をしているが、子供たちの健康状態は悪化の一途であり、一五年間の間に入院する人の数は一〇倍になった。このエ〔ー〕トス計画の生みの親は、フランス電力、原子力委員会、ＡＲＥＶＡが母体となっているＮＧＯのＣＥＰＮである」との内容の指摘を取り上げ、自分のブログで紹介する（注12）など警戒を呼びかけていた。

福島県警の「ツイートひとつで事件捜査」の背景には、こうした根深い国際的な対立があったのだ。

言論の自由度、世界六一位へ転落

さて県警から書類を送致された福島地検いわき支部の判断は、同年五月二十二日に竹野内真

注11　「末続仮置き場見学会 with ジャック・ロシャールさん　ご報告」
→ http://ethos-fukushima.blogspot.jp/2014/09/20140904-with.html
注12　→ http://takenouchimari.blogspot.jp/2013/02/blog-post.html

理さんに電話で伝達された。

「不起訴」ということで、これで嫌疑が晴れたと喜んだが、ネット情報でそうではなさそうなことを知り、翌日、検察にたしかめたところ、実は――「起訴猶予」という名の「不起訴処分」であることがわかった。

これは「嫌疑なし」のふつうの「不起訴」と違って、嫌疑はあるが起訴、つまり刑事裁判にはかけないで猶予するというもの。

ということは、竹野内真理さんは法廷へと引き出されなかったものの、彼女のツイートが「侮辱罪」にあたるという訴えは、少なくとも検察レベルでは認められたわけだ。

「ツイートひとつで起訴猶予」――この検察判断に、さきほどふれた「国境なき記者団」は五月三十日に再び声明を発表し、(注13)「起訴手続きを停止したことはたしかに喜ばしいが、われわれは起訴猶予ではなく手続きの全面放棄を一貫して求め続ける」と「完全不起訴」を求めた。

声明によると、この事件を担当した地検いわき支部の検事は、竹野内さんに「今後とも活動を続けてほしい。幸運を祈る」という意味の言葉を伝えたそうだが、担当検事の個人的な思いはともかく、「日本の警察・検察当局」がツイッターでの言論活動に対して捜査に動き、嫌疑ありと結論し、起訴を猶予したことは、日本における言論・報道の自由度の急落を危惧する「国境なき記者団」の懸念をさらに強めるものとなったようだ。

声明文の最後に置かれていたのは、こんな一文だった。

二〇一四年「国境なき記者団」報道の自由ランキング(注14)において、日本は世界一八〇カ国中、五九位である。

Japan is ranked 59th out of 180 countries in the 2014 Reporters Without Borders press freedom index.

日本を世界五九位とした二〇一四年「国境なき記者団」報道の自由ランキングとは、同年二月十二日に発表されたものだから、実質二〇一三年における、世界各国の報道の自由度を比較したもの。日本はその時点で、世界五九位にあったことを「声明」は指摘していたわけだが、これがどういう意味を持つかというと、欧州の先進国の足元にも及ばず、アジアでも台湾（五〇

注13　「国境なき記者団」声明、「日本の検察官、ジャーナリストに対する侮辱罪の起訴手続きを停止（*Japanese prosecutor suspends contempt proceedings against journalist*）」
→http://en.rsf.org/japan-nuclear-lobby-still-gagging-11-03-2014,45980.html
声明での該当部分の英語原文は以下の通り。
The prosecutor urged Takenouchi to continue her work and even wished her "good luck" with it.

注14　二〇一四年「国境なき記者団」報道の自由ランキング
→http://rsf.org/index2014/en-index2014.php
二〇一四年ランキングのトップはフィランドで、以下、オランダ（二位）、ノルウェー（三位）、ルクセンブルク（四位）と続いている。

位）、韓国（五七位）以下というひどい状況にある、ということだ。

かつて日本は二〇一一年ランキングで世界一一位につけていたが、二〇一二年ランクでは二二位に、二〇一三年ランクでは五三位に転落、二〇一四年ランクではそれをさらに下回る結果になってしまったわけだ。

目も当てられない急落ぶり。二〇一五年ランクでは、竹野内真理さんの事件も評価の材料になり、さらに順位が低下して六一位となった。

「フクシマ検閲」

しかし、それにしても、日本は憲法で言論・報道の自由を保障するデモクラシー国家であるはず。「国境なき記者団」はどうして、これほど厳しい評価をしているのか。

この点について二〇一四年ランクは、以下のような「フクシマ検閲（Censorship of Fukushima）」と題する注解を付し、理由を説明している。（注15）

逮捕、家宅捜索、国内情報機関（the domestic intelligence agency）による取り調べや司法手続きの脅し――二〇一一年のフクシマ核惨事後の取材活動が、日本のフリーランスの記者たちにとって、これほど多くのリスクを伴うものになると、いったい誰が考えていただろう。

フクシマ原発事故以来、「記者クラブ（Kisha club）」という日本独特のシステムによって、フリーランスや外国人記者への差別が増えている。「原子力村（nuclear village）」として知られる日本の原子力産業複合体を取材しようとするフリーランスの記者たちは、政府や東電（福島原発の所有企業）が開く記者会見への出入りをしばしば禁じられたり、（自己検閲をしている）主流メディア（mainstream media）なら利用できる情報へのアクセスを禁じられ、手足を縛られている。今、安倍晋三首相の政権による「特定秘密保護法」での締め付けで、彼らの闘いはさらに危険なものになるだろう。

これを読んで「まさか、そんな」とお思いの方も多いことだろう。しかし、「国境なき記者団」が指摘するような事態は現に起きている。ここに書かれた「国内情報機関」とはおそらく公安警察のことで、そう考えれば、それほど突飛な指摘でもない。

たとえば「逮捕」について言えば、『ボクが東電前に立ったわけ』（三一書房）の著者で、ツイッターなどを通じジャーナリスティックな活動を続ける園良太さんは、たとえば二〇一一年九月二十三日午後、「『東電前アクション』という（棒のない）旗を持って警察の規制に抗議していた」ところを、公務執行妨害の現行犯で逮捕されている。（注16）

注15　「フクシマ検閲」
→http://rsf.org/index2014/en-asia.php

会見場への出入り拒否では、フリージャーナリストの木野龍逸さんが二〇一二年六月二十七日から三カ月間、東電記者会見に出席できない事態が続いた。

木野龍逸さんは、盟友の故・日隅一雄さんとともに連日、東電の記者会見に通い、問題を追及してきた。その内容は、岩波書店から『検証　福島原発事故・記者会見—東電・政府は何を隠したのか』（日隅さんと共著）として刊行されている。「東電にとって、もっとも煙たい存在」(注17)である。

日本は「国境なき記者団」がいうように、「フクイチ核惨事」を契機に、報道の自由、言論の自由がさまざまなかたちで抑圧される国へと急激に変質を遂げたのだ。

フクシマで一気に変わってしまった日本。言論の自由が危機にたつ国に成り果ててしまった日本。

そんな日本の姿を見て、国際社会のなかから、憂慮の言葉がひとつ生まれた。

それは——

'Fukushima Fascism'「フクシマ・ファシズム」

米国の指導的な反原発活動家、ハーヴェイ・ワッサーマン（Harvey Wasserman）さんが、自ら主宰する「エコ・ウォッチ（*EcoWatch*）」サイトに二〇一三年十二月十一日付で発表、(注18)それを米国のリベラル有力誌、「カウンターパンチ（*CounterPunch*）」誌が翌日付の電子版で転載し、一気に広まった記事――「日本の新型『フクシマ・ファシズム』（*Japan's New 'Fukushima Fascism'*）」から生まれた言葉だ。

「ファシズム」とはいうまでもなく、戦前の日本やナチス支配下のドイツの「全体主義」を指す言葉だ。全体主義下の日本でもドイツでも、言論の自由は一切、封殺された。御用言説が社会を覆い尽くし、人々を窒息させたことは、周知のことである。

ナチス治下における言論弾圧で、最近ようやく日本でも知られるようになった事件がある。待望の邦訳が二〇一四年十一月に出版された、ドイツの作家、ハンス・ファラダ（一八九三～一九四七）の小説、『ベルリンに一人死す（原題 *Jeder stirbt für sich allein*）』（赤根洋子訳　みすず書

注16　『マイニュース・ジャパン』、「新宿警察『お前に人権はねえんだ』デモで不当逮捕の園良太氏が語る抵抗の12日間」（二〇一一年十一月十三日付）
↓http://www.mynewsjapan.com/reports/1520

注17　ネット・メディアの『アワプラ（アワープラネット、*OurPlanet-TV*）』、「フリーの木野龍逸さんが東電記会見に『出入り禁止』」（二〇一二年七月四日付）
↓http://www.ourplanet-tv.org/?q=node/63

注18　「日本の新型『フクシマ・ファシズム』」
『エコ・ウォッチ』↓http://ecowatch.com/2013/12/11/japans-new-fukushima-fascism/
『カウンターパンチ』↓http://www.counterpunch.org/2013/12/12/japans-new-fukushima-fascism/

房）のモデルになった、ハンペル夫妻（オットーさんとエリゼさん）による抵抗の実話だ。[注19]夫妻はヒトラー批判の手書きのカードを、ベルリンの街中の人が立ち寄る場所に置く抵抗を続け、ついには逮捕され、二人ともなんとギロチンで処刑されたのである。
そういう言論封殺のファシズムが、新型の「フクシマ・ファシズム」となって日本を脅かしている。そうハーヴェイ・ワッサーマンさんは警告したのだ。

特定秘密保護法の脅威

ワッサーマンさんが「フクイチ核惨事」をめぐる言論封殺の法的な装置になり得ると指摘したのは、直前の同年十二月六日に、日本の国会で「特定秘密保護法」が可決・成立したからだ。秘密に指定された情報を漏えいした公務員は最高で懲役一〇年の重罰。それを知ろうとして働きかけた国民やマスメディア関係者は五年以下の懲役に処す同法を、ワッサーマンさんは「フクシマ」と結び付け、警告したのである。特定秘密保護法は一般には軍事機密、外交機密の漏洩防止が目的だと信じられているが、「フクイチ核惨事」がらみの「秘密」、つまり「真実」にも適用されかねないと以下のように警鐘を鳴らしたのだ。

フクシマは放射能をなおもまきちらし続けている。そしてその放出量は増大しているらしい。それよる被曝被害もまた同様である。……太平洋では環境災害の、米国内では人体に対する健康被害の恐るべき兆候がすでに現れている。

そうした「日本や世界に最も重くのしかかっている」問題が「特定秘密」に指定されれば、放出放射能や被曝被害といった情報は表に出て来なくなる。これは日本国内だけでなく、放射能汚染にさらされる世界の人々の問題でもある。そうした日本政府による「フクシマ・ファシズム」は許されるものではない。これが米国の反原発運動の先頭に立つワッサーマンさんの警告の中身だった。

この危惧は、「二〇二〇年東京オリンピック」に向け、何がなんでも放射能汚染・被曝問題の深刻さを隠し通さなければならない日本の当局の〝苦境〟を思えば、たしかに現実的なものである。

そう考えればまた、特定秘密保護法の国会審議のなかで、政府側が「一般国民」や「ブロガー」までも処罰の対象になりうると答弁した[注20]コトの重大さも分かろうというもの。慄然としないわけにはいかない。

注19　ハンペル夫妻の抵抗については、以下のウィキペディア（英文）を参照。
→http://en.wikipedia.org/wiki/Otto_and_Elise_Hampel
なお、ハンス・ファラダが戦後の一九四七年に発表したドイツ語の実話小説は、二〇〇九年になってようやく英訳（*'Alone in Berlin'*）が出て、世界的なベストセラーとなった。

「フクシマ・ファシズム」は二〇一四年十二月十日の特定秘密保護法の施行で、わたしたち一人ひとりの足元に潜む、現実の脅威となったのだ。

「ナチスの手口に学んだらどうかね」

安倍政権が強引に成立させた特定秘密保護法が、日本国憲法の二一条で保障された「言論、出版その他一切の表現の自由」を突き崩すものであるとするなら、「集団的自衛権」の行使に道を開いたあの二〇一四年七月一日の「閣議決定」も、憲法九条を簡便な方法で骨抜きにしようとするものといえるだろう。

国民合意の憲法改正なき改憲のなし崩し的進行――そんな日本の政治のありように対する国際社会の不安を一挙に高めたのは、二〇一三年夏の、政権ナンバー2、麻生太郎・副総理（財務相）が行なった「憲法も、ある日気づいたら、さっきドイツの話を出しましたが、ワイマール憲法もいつの間にか変わってて、ナチス憲法に変わっていたんですよ。だれも気づかないで変わったんだ。あの手口に学んだらどうかね〔会場、笑い〕」発言だった。(注21)

麻生副総理は、発言が日本国内で報じられた翌日（八月一日）の記者会見で「誤解を招く結果となったので、ナチス政権を例示としてあげたことは撤回したい」と述べ、幕引きを図ったが、(注22)それで納得する国際社会ではなかった。

英国のＢＢＣ放送は「発言撤回」そのものをニュースとして取り上げ、撤回した「発言」の中身を全世界に詳しく報じた。(注23)「発言」はこう翻訳されていた。

注20 『しんぶん赤旗』の報道（二〇一三年十一月十五日付）によると、「岡田広内閣府副大臣は（二〇一三年十一月）十四日の衆院国家安全保障特別委員会で、『（秘密を扱う）公務員等以外の者についても、秘密保護法案の処罰対象となる』と述べ、同法案によって一般国民も広く処罰対象となる可能性を認めました」。
→http://www.jcp.or.jp/akahata/aik13/2013-11-15/2013111501_04_1.html
『しんぶん赤旗』はまた、同日付の同じ紙面の「ブロガー処罰　政府 否定せず」の記事で、「ブログ（簡易ホームページ）などで時事評論などをする人（ブロガー）が『秘密保護法案』の対象となり、処罰される可能性について、内閣官房の鈴木良之審議官は、十四日の衆院国家安全保障特別委員会で、『個別具体的な状況での判断が必要で、一義的に答えることは困難だ』と述べ、否定しませんでした」と報じている。

ツイッターによる引用報道→https://twitter.com/pokepika2011/status/401134694881718272/photo/1

注21 麻生副総理が七月二九日に都内の民間シンクタンクでの講演会で行ったこの発言の録音記録は、以下のユーチューブで聴くことができる。
→https://www.youtube.com/watch?v=dSQD8RPtOo8
また「発言」をめぐる国内の報道ぶり、反応については、以下を参照。

ＪＣＡＳＴニュース、「麻生氏「ナチス発言」、揺れる大手新聞報道　最初は問題視せず、後から大きく取り上げる」（二〇一三年八月二日付）
→http://www.j-cast.com/2013/08/02180767.html?p=all

注22 『ハフィントン・ポスト』（日本語版）、「麻生太郎氏『ナチス』発言を撤回『誤解を招く結果となった』」（同年八月一日付）
→http://www.huffingtonpost.jp/2013/07/31/taro_aso_n_3685948.html

Mr Aso had said in a speech that: "The German Weimar constitution changed, without being noticed, to the Nazi German constitution. Why don't we learn from their tactics?"

麻生氏はスピーチでこう言った。「ドイツのワイマール憲法は、気付かれずにナチス・ドイツ憲法に変わった。われわれはどうしてこの戦術に学ばないのか？」

ＣＮＮもこう報じた。[注24]

"Germany's Weimar Constitution was changed into the Nazi Constitution before anyone knew," he said in comments widely reported by the Japanese media. "It was changed before anyone else noticed. Why don't we learn from that method?"

「ドイツのワイマール憲法は、誰も気づかないうちにナチの憲法に変わった」と、彼（麻生氏）は日本のメディアが広く報じた発言で語った。「それは、ほかの誰かが気づく前に変えられた。わたしたちは、あの方法からどうして学ばないのか？」

麻生氏のいう「手口」を、ＢＢＣは「戦術（タクティクス）」と、ＣＮＮは「方法（メソッド）」

と訳したが、日本語の「手口」が「犯罪の仕方」「悪事の実行法」を意味するように、そこにはいずれの場合も極めて否定的な意味合いが込められていたことは間違いない。「麻生発言」は、本人の記者会見での否定にもかかわらず、「ナチスの手口に学ぼう」発言となって、国際社会に衝撃波を広げた。(注25)

そうした世界的な波紋のなかで、ロサンゼルスに本部をおくユダヤ人・人権団体、「サイモン・ウィーゼンタール・センター（Simon Wiesenthal Center）」の素早い反応は、辛辣なものだった。

声明(注26)のなかで同センターは、ユダヤ教宗教指導者のエイブラハム・クーパー師の以下のような疑義を引き、麻生副総理に対して「発言」の意味を明確化せよと迫った。

ナチスの「手口」〔ここでは'techniques'〕の何が学ぶに価するものなのですか？　デモクラシーをこっそり破壊する方法を知りたいわけですか？　麻生副総理は、ナチス・ドイツ

注23　BBC、「日本の副首相がナチス発言を撤回（*Japan Deputy PM Taro Aso retracts Nazi comments*）」（同八月一日付）
→http://www.bbc.com/news/world-asia-23527300

注24　CNN、「日本政府の内閣のナチ発言が怒りを招いている（*Japanese government minister's Nazi remarks cause furor*）」（同八月二日付）
→http://edition.cnn.com/2013/08/02/world/asia/japan-politician-nazi-comment/index.html

の権力掌握が短期間で世界を絶望の淵に引きずり込み、第二次世界大戦での未だ語り尽くされていない恐怖の中に人類をのみこんだことを忘れてしまったのでしょうか？

同センターの声明はつまり、麻生氏の歴史認識をきびしく問いただすものだったわけだ。

「ヒトラーを称賛」

さて、ほかならぬドイツの反応はどうだったか？　ここは『南ドイツ新聞（*Süddeutsche Zeitung*＝ＳＺ）』の報道で見ておくことにしよう。

注25　フランスのルモンドはフィリップ・メスメール東京特派員電、「日本の副総理がドイツのナチスを手本に引用（*Au Japon, le vice-premier ministre cite l'Allemagne nazie en exemple*）」（二〇一三年八月一日付、電子版）を掲載した。
→ http://www.lemonde.fr/japon/article/2013/08/01/au-japon-le-vice-premier-ministre-cite-l-allemagne-nazie-en-exemple_3456074_1492975.html?xtmc=aso_japon&xtcr=17
以下は、記事のリード部分。
麻生太郎の失言は、日本の政治に、傲慢さの代わりに、少々刺激を与えるものとなった（**A défaut de hauteur, les dérapages de Taro Aso donnent à la politique japonaise un peu de piquant.**）。「ドイツのワイマール憲法はそれとなくナチス・ドイツの憲法にすり替えられた。どうして彼らの手口に着想を得ようとしないのか」。日本の副総理は七月二十九日、国家基本問題研究所（ＪＩＮＦ）が開催した討論会で、こう述べた。国基研はウルトラ保守主義の組織で日本国憲法の改正を目指している。その活動は安倍晋三首相による現政府によって擁護されている。

注26

ルモンドの特派員はどうやら、麻生副総理が憲法改正に前のめりになっている人々に対して、その傲慢さを引っ込め、あの狡猾なナチスの手口に学びなさいよ、と言いたかったのでは――と、その「真意」を解釈しているようだ。

一方、ニューヨーク・タイムズは麻生副総理が「発言」を〝撤回〟した時点で、一連の経過と背景を、マーティン・ファクラー東京特派員が詳しく報じた。

「日本の財務大臣、ナチスに関する声明を撤回（*Japan's Finance Minister Retracts Statement on Nazis*）」（同年八月一日付）

→ http://www.nytimes.com/2013/08/02/world/asia/japans-finance-minister-retracts-statement-on-nazis.html?_r=0

このなかでファクラー特派員は、麻生総理が講演会での発言の前段で、「欧州で最も進歩的なものと彼〔麻生〕自身が称賛するワイマール憲法をナチスが強奪したと批判した」ことを指摘し、副総理が何を言いたかったか不明瞭だが、その後に付け加えた「ナチスが誰にも気づかれずワイマール憲法を変えた」その「テクニック（techniques）から学ぶべきかもしれない」との発言が決定的だったと解説している。

ファクラー特派員は記事のリード部分で、「この失言は、日本の戦時中の歴史をめぐる論争が、人気のある安倍晋三首相の足もとをすくいかねない潜在的な可能性のあることを明確に示すものとなった（The gaffe underscored the potential for disputes over Japan's own wartime history to derail its popular prime minister, Shinzo Abe.）」と述べている。

とすると、麻生副総理の演説には、そんなに改憲を声高に叫ぶんじゃない、あんたがたが支持する安倍政権が持たなくなる、とウルトラ保守派に自制を求めるとともに、でもナチスのやった方法もあるじゃないか、あれで行けばいい、といって理解と協力を求める狙いが込められていたのかもしれない。

「サイモン・ウィーゼンタール・センター」、「日本の副総理大臣殿、ナチスの『手口』のどれが、われわれが学ぶことのできるものなのですか？（*Simon Wiesenthal Center to Japanese Vice Prime Minister : Which 'Techniques' of the Nazis Can We 'Learn From'"?*）」（同七月三十日付）

→ http://www.wiesenthal.com/site/apps/nlnet/content2.aspx?c=lsKWLbPJLnF&b=4441467&ct=13229277#.VKTZ_7n9kqR

このミュンヘンに本拠をおく、ドイツを代表するリベラル紙が記事(注27)につけた見出しは、こうだった。

Vize-Premier Aso lobt Hitler-Takti
麻生副総理、ヒトラーの戦術を称賛

そして、記事のリード部分の書き出しは、こうだ。

日本の右翼保守政権は、憲法の平和主義を刈り込みたいようだ。それもナチのやり方だと、麻生副総理は考えている。

記事（本文）はこう続く。

日本の首相代行の麻生太郎は論争中の憲法改正に関し、ナチスの戦術を模倣する価値があるとの考えを示し、海外の憤激を呼び覚ました。
メディアの報道によると、彼は週のはじめ、東京のホテルでの演説で、こう語った。「ドイツのワイマール憲法は誰にも気づかれず、誰の目にとまらず、ナチスの憲法に置き換わった。われわれはどうしてこの戦術に学ばないのか?」

アドルヒ・ヒトラーと国家社会主義者たちは、一九三三年の権力掌握（乗っ取り）後、ドイツを独裁に変えた。表向きは合法的に。彼ら極右はワイマール憲法の民主的な性格を、だんだんと緊急命令や「授権法」によって骨抜きにして行った。日本の副総理は、このやり方を暗にほのめかしていると言えるかも知れない。

SZ紙が言うように、ヒトラーはワイマール憲法を改正して、ナチス憲法を制定したわけではない。ワイマール憲法下、「表向きは合法的（auf angeblich legalem Wege）」にファシズム体制を築いて行った。だから、麻生副総理が「ワイマール憲法もいつの間にか変わってて、ナチス憲法に変わっていたんですよ。だれも気づかないで変わったんだ」と言ったのは、こういう意味でのことだったのではないかとSZ紙は指摘したわけである。

麻生氏の発言については、「ナチスはワイマール憲法を改憲してナチス憲法をつくったと誤認している」という見方もあるが、そうではない、「表向き合法的」にワイマール憲法を無力化したことをちゃんと知っていて、そのやり方を見習おうとしている——これがSZ紙の見方な

注27　SZ紙、（二〇一三年八月一日付）
→ http://www.sueddeutsche.de/politik/nazi-vergleich-in-japan-vize-premier-aso-lobt-hitler-taktik-1.1736036

わけだ。

安倍政権による日本国憲法の骨抜きをねらった一連の動きを振り返れば、SZ紙の見方の鋭さを思わないわけにはいかない。

いずれにせよ、SZ紙が発行されるミュンヘンは一九二三年、ヒトラーたちの「ミュンヘン一揆（München Putsch）」(注28)が行なわれた、ナチス運動勃興の地。ファシズムの悪夢を記憶するミュンヘン市民は、SZ紙の報道を通じ、この日本の副総理の「あの手口に学んだらどうかね」発言を知って、どんな思いにとらわれたことだろう。

「NHKはアベの飼い犬に」

さて、国際社会に広がった、日本の「フクシマ・ファシズム」についての警鐘報道をもうひとつ、こんどは「東京発」で紹介しよう。

東京在住のコラムニスト、ウイリアム・ペセク（William Pesek）さんが二〇一四年二月初め、ブルームバーグ通信を通じて世界に発した警告報道(注29)である。

「日本は自分自身のフォックス・ニューズを手にした（*Japan Gets Its Very Own Fox News*）」と題するコラムで、ペセクさんは何を訴えようとしたか？　それはこのコラムの題で、すでに明らかある。

ここで言う「日本」とは、日本の安倍政権のこと。『フォックス・ニューズ』とは、米国のタカ派の放送局のことであり、安倍首相が手にした自分自身の放送局とはＮＨＫのことである。ペセクさんは安倍首相の意のままに動く日本の「公共放送」＝ＮＨＫを、コラムのなかで手厳しく批判したのだ。

あのチェルノブイリ寸前まで行った、二〇一一年の東京を経験した人は誰でも、ＮＨＫが、その時からすでに、お粗末な報道しかしていなかったことを、たぶん思い出すことだろう。ＮＨＫは「フクイチ核惨事の」あらゆる局面で、パニックの回避のためリスクの矮小化報道を行なったのだ。わたしたちの多くが、フクシマの一連の爆発を知ったのは、ＣＮＮやＢＢＣ、米軍の記者会見を通じてだった。この日本で最も信頼されているニュースソースではなかった。次に核惨事が起きたとき、どうなるか、ちょっと想像していただきたい。

安倍の国家秘密法で、政府が民衆に知らせたくないことを報じたジャーナリストや内部告発者は刑務所行きにもなる。次の危機が起き、わたしたちがニュースを欲しているその

注28「ミュンヘン一揆」一九二三年十一月八〜九日に起きたクーデター未遂事件。ビアホールで起きたことから、「ビアホール一揆」とも呼ばれる。

注29 ウイリアム・ペセクさんの東京発コラム（二〇一四年二月七日付）
→ http://www.bloomberg.com/news/2014-02-06/japan-gets-its-very-own-fox-news.html

ときに、ＮＨＫが政府ＰＲを喜々として報じる用意が出来ていることを知っておくことはよいことだ。それがいまや、公式の政策になっている。

ペセクさんはブルームバーグのコラムニストであるばかりか、インターナショナル・ヘラルド・トリビューン紙など世界の有力メディアに解説やコラムを発表している有名な経済ジャーナリストだ。二〇一〇年には「米国ビジネス・エディター・ライター協会賞」を評論（コメンタリー）部門で受賞した、影響力のある人物である。ＮＨＫはそのペセクさんから、政府の御用報道機関であるとレッテルを貼られたのである。

ペセクさんはまた、ＮＨＫの籾井勝人新会長が同年一月二十五日の記者会見で、「政府が右と言うことを左と言うわけにはいかない（We cannot say left when the government says right.）」と語ったことにふれ、次のように痛烈に批判した。

彼〔籾井新会長〕は、安倍首相がまだ愛国心が足りないと考えている日本の国民に対し、その右翼的政策課題を推し進める中、「安倍の膝上の犬（Abe's lapdog、「ラップドッグ」とは「飼い犬」の意味）」になる計画であることを自ら認めたことで、国民的な怒りを新たに掻き立てた。

なるほど「フクシマ・ファシズム」を水も漏らさぬものにするには言論（情報）を封殺するだけでは足りないのだ。政府の言いなりになって、都合のいいことばかり吹聴する御用放送局が必要となる。ヒトラーにとって、宣伝相のゲッペルスが必要だったように。

ＮＨＫの「フクイチ核惨事」の報道ぶりに対しては、日本国内のツイッターたちの間で「イヌ・アッチへ・イケー（イヌＨＫ）」といった痛烈な批判が出ていたが、東京在住の知日派コラムニスト、ウイリアム・ペセクさんからも同じような指摘が出ていたことは、記憶されねばならないことだろう。（注30）

「こちらは国営放送局です！」

この安倍政権による「籾井人事」問題に関し、ドイツの報道ぶりをひとつだけ見ておくこと

注30　ペセクさんはまた、二〇一四年十二月五日付のブルームバーグ配信コラム（シカゴ・トリビューン紙掲載）で、日本のマスコミ一般の堕落ぶりと歴史修正主義に対する感度のなさを、以下のように批判している。

ひとつの国民を破壊するには、歴史理解をあとかたもなくしてしまうのが一番。日本のメディアの重役たちは、ジョージ・オーウェルの『一九八四年』を読んでいないか、読んでもオーウェルが言わんとしたことをつかみそこなっている。

「安倍のメディア攻撃は改革の取り組みを損なう（*Abe's assault on media undermines reform efforts*）」

→ http://www.chicagotribune.com/sns-wp-blm-news-bc-pesek05-20141205-story.html

オーウェルの『一九八四年』はいうまでもなく、全体主義が極限化した世界を描いた物語である。

にしよう。保守派の高級紙、『フランクフルター・アルゲマイネ（ＦＡＺ）』は電子版（同年二月一日付）で、次のような見出しの記事を掲げた。（注31）

Hier spricht die Regierung
「こちら国営放送です」

より直訳すれば、「はい、こちらは政府です（政府がお伝えします）」。

これすなわち、受信料を税金のように集めてやまないＮＨＫがいかに国営の御用放送局に堕したかを示す見出しなのだ。ＮＨＫは「みなさまのＮＨＫ」ではなく、いまや「政府のＮＨＫ」になってしまったわけである。

ジャーナリズムから政府の宣伝機関へ、いまや変質を遂げた日本の公共放送の悲しき姿を、ＦＡＺの長文記事は以下のように、エピソードを交えて締めくくっている。

日本政府のトップ（安倍首相）は昨年（二〇一三年）の末、リベラルなプレスから検閲の始まりだと批判された国家機密保護法を、国会を鞭打ち成立させた。

このＮＨＫ新会長はこれについてこう言ったのである。「法律が決定された今や、それに疑問をはさむ理由はない（注32）」と。

こうした政治の結果はもうすでに出ている。ＮＨＫの編集者たちが〔同じＮＨＫで働く〕外国人の同僚たちとの話の中で、安倍政治のリスクと危険が話題になったとき、ＮＨＫ編集者に対して、こんな質問が飛び出した。その問題について、どうして番組で取り上げないのだと。それに対し、編集者は肩をすくめながら、あきらめ顔をしてみせた。時の政権を検証する批判番組をつくれなくなったＮＨＫの現場の苦悩と諦めを示すエピソードではある。

注31　ＦＡＺ紙　Ｃ・ゲアミス東京特派員
→http://www.faz.net/aktuell/feuilleton/medien/japans-staatsmedien-hier-spricht-die-regierung-12794787-p2.html?printPagedArticle=true#pageIndex_2
ＦＡＺのこの記事は、ベルリン在住のジャーナリスト、梶村太一郎さんの教示による。
梶村さんのブログ「明日うらしま」(二〇一四年二月十三日付) を参照。
→http://tkajimura.blogspot.jp/2014/02/nhk.html
梶村さんはこのブログでは上記ＦＡＺ記事を日独対訳で翻訳している。また、ＦＡＺ紙の「紙面」でのこの記事の見出しは電子版と異なり、「性奴隷の女性たちはいなかった、そして第二次世界大戦はみんな他が悪かった（*Es gab keine Sexsklavinnen,und am Zweiten Weltkrig waren alle anderen schuld*）」であることも、同ブログで教えていただいた。

注32　籾井会長のこの発言もまた就任の記者会見でのもの。精確な日本語での言葉づかいは、「秘密法は政府が必要と説明しているので、〔今や〕様子を見るしかない。あまりかっかかっかすることはないと思う」である。

ＮＨＫ海外放送で言葉狩り

　こうしたＮＨＫの制作・編集現場への締め付けの実態は、英紙『タイムズ（*The Times*）』の手で、その一端が明らかにされている。二〇一四年十月十七日付の同紙（電子版）は、「日本の〝ＢＢＣ〟が、戦時中の『性奴隷』への言及を全面禁止（*Japan's 'BBC' bans any reference to wartime 'sex slaves'*）」というタイトルのスクープ記事を報じ、(注33) 英国のＢＢＣ放送の日本版であるはずのＮＨＫの海外放送制作の現場で何が行なわれ始めているのかを国際社会に暴露した。

　ＮＨＫが海外放送（ＮＨＫ ワールド）の英語サービス部門のジャーナリストたちに対して配布した「秘密内部文書」を入手し、それを証拠に報じたもの。

　そこには、「南京虐殺（the Rape of Nanking）」や「戦時中の性奴隷（sex slaves）」といった英語表現はまかりならぬとの指示が盛られていた。

　まるで自己検閲マニュアルのような指示文書だが、ＮＨＫはなぜ、このような命令文書を英語放送の現場に降ろしたのか？

　これについて『タイムズ』は、「このルールは、日本の保守派の首相である安倍晋三の政権の立場を映し出したもののように思われる」と指摘しているが、こうなるとＮＨＫの英語放送は最早、ジャーナリズムとはいえない。

　今や日本政府の国策プロパガンダ放送と化した『ＮＨＫワールド』放送。海外で暮らす日本人に恥ずかしい思いを強いる、情けない事態が、英紙の名門、いわゆる『ロンドン・タイムズ』の手で世界中に報じられたわけである。

言うまでもなく「ニュース」とは、あくまで中立・客観的な視点から真実を報じる「ジャーナリズム」であって、PR（広報）とは別物である。「南京虐殺（the Rape of Nanking）」とは、英語圏での歴史表記としてすでに定着したものであり、「従軍慰安婦」にしても被害者の側からは「性奴隷」以外のなにものでもない。

人々が知るべき「真実」を、「言葉狩り」でもって捻じ曲げ、事実の本質を消し去る「自己検閲」は、「3・11」以降、急激に進む日本における言論封殺プロセス――すなわち「フクシマ・ファシズム」の、「誰にも知られない」危険な側面であるといえよう。

NHKが存在する法的根拠は「放送法」である。そしてその第一条の二でもって、日本国憲法が保障する「言論・報道の自由」を踏まえ、次のような「原則」を掲げている。

> 放送の不偏不党、真実及び自律を保障することによつて、放送による表現の自由を確保すること。(注34)

注33　英紙『タイムズ』、「日本の〝BBC〟が、戦時中の『性奴隷』への言及を全面禁止」
→ http://www.thetimes.co.uk/tto/news/world/asia/article4239769.ece

この憲法と法律にもとづく「報道の大原則」が、ナチスがワイマール憲法を「誰にも知られず」に骨抜きにしたように、一片の内部通達によって、あるいは人事工作を通じ、土台から葬り去られようとしているのだ。

東京都知事選での猿ぐつわ

ＮＨＫの「自己検閲」については、こんなエピソードも暴露され、ネットを通じ世界に拡散した。

二〇一四年一月末、脱原発の最有力ネット・メディアである米国の『エネニュース』が、「ＮＨＫのキャスター〔解説者〕が原発問題をめぐって抗議の出演拒否（*NHK broadcaster quits in protest over nuclear issues*）」と題するまとめ記事を流した。(注35)

このなか『エネニュース』は、『英文朝日』(注36)やジャパン・タイムズ(注37)などの報道を引用し、ＮＨＫラジオ第一放送の朝の番組「ビジネス展望」で長年にわたって解説を続けてきた中北徹・東洋大教授が三十日放送の同番組で、「経済学の視点からリスクをゼロにできるのは原発を止めること」などとコメントする予定だったことにＮＨＫ側が難色を示し、中北教授が出演を拒否……〔さらに〕ＮＨＫ側は中北教授に『東京都知事選の最中は、原発問題はやめてほしい」と求めた(注38)』」ことがわかったと報じた。

舛添要一氏が当選した東京都知事選（同年二月九日投票）では、元首相の細川護熙、日本弁護士連合会前会長の宇都宮健児の両候補が「原発」を争点化しようとして選挙戦を進めた。

そこへＮＨＫの、この「猿轡」。

ＮＨＫが原発再稼働をねらって動く時の政権、政権政党の御用機関であることが、またも全世界に知れ渡った瞬間だった。

「ツイートひとつで事件捜査」もしかり。あるいは「特定秘密」の設定も、あのナチスの「手口」発言も同じ類のもの。そして、ＮＨＫの言葉狩りと猿轡……。

注34　ＮＨＫホームページ「放送法と公共放送」
→http://www.nhk.or.jp/info/about/intro/broadcast-law.html

注35　『エネニュース』（二〇一四年一月三十日付）
→http://enenews.com/nhk-broadcaster-quits-in-protest-over-nuclear-issues-professor-censored-after-20-years-on-air-was-to-reveal-extraordinarily-high-damages

注36　『英文朝日』、「ＮＨＫラジオのレギュラーが反原発のコメントで拒否される（*NHK radio regular quits after anti-nuclear commentary nixed*）」
→http://ajw.asahi.com/article/behind_news/social_affairs/AJ201401300075

注37　ジャパン・タイムズ、「学者、原子力をめぐる権力の箝口令でＮＨＫ出演を辞める（*Scholar quits NHK over nuclear power hush-up*）」
→http://www.japantimes.co.jp/news/2014/01/30/national/scholar-quits-nhk-over-nuclear-power-hush-up/#.VKoCXLn9kqR

注38　この部分の日本語記事の引用は、以下の東京新聞（電子版）から。
→http://www.tokyo-np.co.jp/s/article/2014013090065631.html?utm_source=twitterfeed&utm_medium=twitter

これが、わたしたち日本社会の「フクシマ・ファシズム」化の現実の姿なのだ。

こうした「なし崩しの言論封殺」が、「3・11」以降、さまざまな方向から、さまざまな場面において、根本的かつ全面的に進行している――。海外メディアのさまざまなニュース報道の交差のなかで浮かび上がる「日本」の姿は、いつか来た道の方角を指さしているようで不気味である。

東電社長のニューヨーク・タイムズへの「手紙」

二〇一四年九月二十二日付のニューヨーク・タイムズに、東電の廣瀬直己社長から同紙エディターあての「手紙（Letter）」が掲載された。場所は「オピニオン・ページ（The Opinion Pages）」。

「オピニオン・ページ」とは、同紙論説委員会による社説や社内コラムニスト、外部識者らの論評を載せるページである。読者も「手紙」を寄せ、同紙の報道について意見を述べるなど議論に参加することがある。「オピニオン・ページ」とは読者に開かれた意見交換の場であるわけだ。

そこに東電社長（発信は同十八日付）の「手紙」(注39)が載った。その手紙にタイムズ紙（電子版）は、「〈フクシマに関する誤った報道〉：当該企業が反応（*False Report on Fukushima: The Company Responds*）」(注40)との見出しをつけた。

同紙のエディターあて「手紙」は、こう書かれていた（太字強調は大沼）。

あなたが最近、報じたように、今月、日本の指導的な新聞のひとつが、五月の誤報を撤回しました。その記事は、わたしたちの作業員たちを**深く侮辱**するものであり、彼らの行為を誤って表現するものでした（that **deeply insulted** our workers and misrepresented their actions）。

残念なことに、二〇一一年の事故当時、福島第一原発から作業員が逃げたというその記事は、記事の撤回を上回る国際的な関心を呼びました。そこでわたしは貴紙の最近のこの問題に対する報道に対し謝意を表明します。

〔日本政府が公開した吉田昌郎・所長調書の〕全文は、わたしたちの作業員たちが職務にとどまり続け、原発を**アンダー・コントロール**するうえで勇敢だったことを――そして昨年亡くなった吉田氏がそのことで彼らをたたえていたことを明らかにしました。

注39　エディターへの手紙（電子版）
→ http://www.nytimes.com/2014/09/23/opinion/false-report-on-fukushima-the-company-responds.html?_r=0

注40　ニューヨーク・タイムズのつけたタイトルのコロン（：）は同格・同義を示す記号であるので、東電というあの会社（The）が、このように反応しているとのニュアンスを込め、ここではカッコ付きで〈フクシマに関する誤った報道〉と訳した。

東電のわたしたちは、事故の全過程を通じて、作業員たちが適切かつ懸命に行動したものと強く信じております。

福島第一では為すべきことが数多く残されています。そしてわたしたちが雇用した者たちは、日本および国際的なパートナーらとともに、挑戦的な環境下において作業を続けています。わたしたちの作業員たちは、彼らに関して報じられた誤りに**深く傷つきました**（**Our workers had been deeply wounded** by the falsehoods reported about them）。そして作業員たちは、自分たちが認められたことに、とても鼓舞されて来ました。わたしたちは彼らの勇気と忍耐がふたたび認められたことに感謝するとともに、第一原発のクリーンアップ（解体撤去）とフクシマの復興に向けた新たなる貢献へ前進することをお約束します。


これが「手紙」ほぼ全文の私（大沼）訳である。

なんども読み返したが、わたし個人としてはどこか引っかかる「東電社長の手紙」ではある。廣瀬社長の誠実さを感じる一方で、なぜか違和感が消えない「手紙」ではある。

「作業員たちは深く傷ついた」？

もういちど、読み通してみることにしよう。

ここでいう、「五月の誤報を撤回」した「日本の指導的な新聞のひとつ」とは言うまでもなく朝日新聞である。朝日新聞は二〇一四年五月二十日付朝刊で、「東日本大震災四日後の二〇一一年三月十五日朝、福島第一原発にいた東電社員らの九割にあたる約六五〇人が吉田昌郎所長の待機命令に違反し、一〇キロ南の福島第二原発に撤退した」と報じた。

そして同年九月十一日付で、「しかし、その後の社内での精査の結果、吉田調書を読み解く過程で評価を誤り、『命令違反で撤退』という表現を使った結果、多くの東京電力社員らがその場から逃げ出したかのような印象を与える間違った記事だったと判断しました。『命令違反で撤退』の表現は誤りで、記事を取り消すとともに、読者及び東電のみなさまに深くおわびいたします」と記事を取り消し、陳謝した。

いまここで引用した「おわび」は、朝日新聞デジタル（電子版）に記録として保持されたらしい「間違った記事」に添えられたものである。この朝日新聞の自ら「誤報」と判断したものを電子版で残し、「おわび」を併記して記事の取り消しと関係者への陳謝を表明したこと自体は、新聞が時代の記録であることを思えば評価できることだ。

これはあくまでわたし（大沼）の個人的見解だが、「伝言ゲーム」の結果、誤って伝わった撤退の指示に従ったとはいえ、最後の最後まで現場を死守しなければならない場面で、結果として社員の九割もが一時的にせよ撤退したことは、原発事故に直接的な責任を持つ企業体として、自己批判すべきことであるだろう。

混乱のさなかの出来事とはいえ、結果的に現場の社員のほとんどが一時的であれ、持ち場を離れたことは、待機命令を知らずにバスで退避した作業員たちの個人の問題ではなく、東電の企業責任の問題である。

その問題を素通りし、企業・経営責任については黙したまま、朝日の「誤報」が「作業員たちを深く侮辱し」、おかげで「作業員たちは深く傷ついた」とだけ言うのは、いかがなものか。廣瀬社長の「手紙」は、現場で起きたことに対して、経営幹部である自分たちには責任はない、と言って暗に責任逃れしているようなものだ。あの連続爆発・メルトダウンのなか、どれだけ多くの作業員が放射能に被曝し、どれだけ深く傷ついたことか。

さらに、もうひとつ——。朝日の記事は「命令違反で撤退」としているだけで、「命令を無視して撤退」とは書いていないのだ。

吉田所長は「調書」のなかで、こう「証言」しているのである(注41)(太字強調は大沼)。

本当は私、2Fに行けと言っていないんですよ。ここがまた伝言ゲームのあれのところで、行くとしたら2Fかという話をやっていて、退避をして、車を用意してという話をしたら、伝言した人間は、運転手に、福島第二に行けという指示をしたんです。私は、福島第一の近辺で、所内に関わらず、線量の低いようなところに一回退避して次の指示を待てと言ったつもりなんですが、2Fに行ってしまいましたと言うんで、しょうがないなと。

2Fに着いた後、連絡をして、（中略）まずはGM（グループ・マネージャー　部課長級）から帰ってきてということになったわけです。

政府事故調の聴取に対し、「本当は……」と打ち明けた吉田所長の、その時点での認識のなかでは、「2Fに行けと言っていない」ことは明確で、第二原発への退避は自分が出した（はずの、構内での）待機命令に違反するものであったことは間違いないわけだから、「吉田調書」の内容を報じた記事の書き方としては、「命令違反で撤退」を誤りと決めつけるわけにはいかない。

「全員が現場に踏みとどまり、勇敢だった」？

こうした廣瀬社長の「手紙」に感じるわたしの違和感の根源を、より明確なかたちで、「脱原発弁護団全国連絡会」共同代表の海渡雄一弁護士が、雑誌『世界』（二〇一五年一月号）で解明しているので、ここで記録しておきたい。海渡弁護士はこう指摘している。[注42]

……しかし、福島第一原発構内で待機するよう吉田所長が指示したことは、テレビ会議を記録した柏崎刈羽メモの午前六時四二分に、「構内の線量の低いエリアで退避すること。

注41　政府事故調、「吉田調書」、「事故時の状況とその対応について4」（五六ページを参照）
→ http://www.cas.go.jp/jp/genpatsujiko/hearing_koukai/077_1_4_koukai.pdf

その後本部で異常でないことを確認できたら戻ってきてもらう。（所長）」と明確に記載されている。三月十五日朝に開かれた東電本店の記者会見で配布された資料にも、注水「作業に直接関わりのない協力企業作業員および当社職員を一時的に同原発（福島第一原発のこと・引用者〔海渡弁護士〕注）の安全な場所等へ移動を開始しました」と明記されている。

この時の会見で東電は、すでに六五〇人が福島第二原発へ移動していたにもかかわらず、この事実を隠し、退避した社員は第一原発近くに退避していると発表していた。六五〇人の移動は所長の指示に明らかに反しており、東電は記者会見においてこの事実を隠したのである。吉田所長の指示にあいまいな点はない。……

廣瀬社長の「手紙」がかもしだす違和感の底には、こういう事実関係があったのだ。「伝言」に従い、現場を離脱して第二原発に移動した六五〇人について、深く侮辱されただの、深く傷ついただのと、ニューヨーク・タイムズにまで「手紙」を送って言い立てた、フクイチ原発災害を引き起こした巨大企業の経営トップ。

廣瀬社長の「手紙」にはまた、ちょっと強引な部分もある。

それは、「わたしたちの作業員たちが職務にとどまり続け、原発をアンダー・コントロールするうえで勇敢だった（our workers had been courageous in remaining on the job and bringing the facility under control）」というくだりだ。

たしかに、現場の職務にとどまり続け、懸命に闘った人たちがいたが、それは吉田所長以下、第二原発に退避せず、現場に踏みとどまった六九人の方々である。これではあの「六五〇人」まで現場にとどまり続けていたことになるのではないか。

それから、吉田所長たちの奮戦にもかかわらず、原発はアンダー・コントロールできず、結局、連続メルトダウンを起こしてしまい、溶融核燃料の所在さえわからないのが実態である。にもかかわらず、「手紙」のなかであえて「アンダー・コントロール」という言葉を無理やり使うあたりに、史上空前の原子力災害を矮小化しようとする意図が透けてみえるような気がする。

さて、今しがた引いた海渡雄一弁護士の批判は、朝日新聞の「報道と人権委員会（ＰＲＣ）」が二〇一四年十一月十二日にまとめた「吉田調書報道に関する見解」に対して発表されたものだ。

この「見解」は、「所長命令に違反　原発撤退」などを報じたスクープ記事の「報道内容には重大な誤り」があり、同紙が記事を取り消したことは「妥当」としたものだ。

社外の有識者に依頼し、記事取り消しを妥当とする見解を出してもらわなければならなかったあたりに、記事を撤回したことに対する朝日新聞経営陣の後ろめたさ、忸怩たる思いが滲ん

注42　『世界』（二〇一五年一月号、岩波書店）、海渡雄一、「わたしたちは委縮しない　秘密保護法下の市民とジャーナリストの闘いかた」

でいるような気がするが、本来なら見出しの表現をたとえば「所長命令　伝わらず」に変え「訂正・おわび」をして記事をさしかえればよさそうなものを、あの吉田清氏の「証言」に基づく「従軍慰安婦・虚報」問題と併せて、一気に記事の撤回、取り消しまで進んだのは異常なことである。

海渡雄一弁護士は同年十二月十七日、参院議員会館で開いた記者会見で、「1Fの事故にはまだ解明されていない謎が多くある。今回のPRC見解はその謎に挑んだジャーナリストの言葉じりを捉えて矛先を鈍らせ、結局のところ真実にふたをしようとする者に手を貸したと言わざるを得ない」と憤懣やるかたない表情で語った(注43)そうだが、権力を監視するのが役目のジャーナリズムが、真実にふたしようとする者に手を貸してはならない。

「リベラルな声を切り崩そうとする動き」

それにしても「朝日」はどうして、虚報でもなんでもない「吉田調書スクープ」まで取り消してしまったのだろう?

何が「朝日」経営陣をそこまで追い込んだのか?

この点に関しては、皮肉なことに、東電の廣瀬社長が「手紙」で称賛していた、朝日新聞の記事撤回を伝える「最近」のニューヨーク・タイムズの報道(注44)が、その背景を次のように説明しているので、これも記録として残しておこう。

記事の取り消しは、この新聞〈朝日新聞〉が、間違った記事で——とりわけ、日本帝国の軍隊が第二次大戦中、軍慰安所で、いわゆる「慰安婦」を強制的に従事させたことに関する記事で、日本の国際社会での評判を損ねてきたとの怒りの非難の噴出のなかで起きた。とくに右翼のニュース・メディアや政治家たちからの攻撃の激しさは、多くの人々を

注43　フリージャーナリスト、魚住昭さん、「余計な検証、おかしな検証」（『現代ビジネス』、二〇一四年十二月七日付）
→http://zasshi.news.yahoo.co.jp/article?a=20141207-00041258-gendaibiz-soci

注44　ニューヨーク・タイムズ（電子版）、「日本の新聞がフクシマ惨事レポートを撤回しエディターを更迭（*Japanese Newspaper Retracts Fukushima Disaster Report and Fires Editor*）」（二〇一四年九月一一日付）
→http://www.nytimes.com/2014/09/12/world/asia/japanese-newspaper-retracts-fukushima-disaster-story-and-fires-editor.html
引用箇所の原文は以下の通り。
・The retractions occurred amid an outpouring of angry accusations that the newspaper had damaged Japan's international reputation with the mistaken articles, especially those on the Imperial Army's role in forcing so-called comfort women to serve in military brothels during World War II. The intensity of the attacks, particularly from right-wing news media and politicians, has led many to warn of a politically motivated campaign to undermine the newspaper, one of Japan's most prominent liberal voices.
・Since the Fukushima disaster, the liberal Asahi Shimbun has campaigned against nuclear power in its editorial pages, saying it regretted its earlier support.

して、日本で最も有名なリベラルな声のひとつであるこの新聞を切り崩そうとする政治的な動機に裏付けられたキャンペーンについて警告の声を上げさせるものになった。

フクシマ惨事以来、リベラルな朝日新聞は、その社説のページで、過去の原子力に対する支持への反省を表明しつつ、原発反対のキャンペーンを続けてきた。

東電社長が称賛したタイムズ紙の記事はつまり、朝日新聞の記事撤回の背景に、右翼のメディアと政治家が潜んでいることを示唆していたのである。そしてその「朝日攻撃」があまりにも激しかったので、その政治的に動機づけられたキャンペーンに対して警告する声さえ上がっていた。右翼からの激しい攻撃にさらされたリベラルな「朝日」はフクイチ核惨事以来、反原発キャンペーンを続けていた、と。

「朝日」同様、リベラルな論調で知られるニューヨーク・タイムズだけに、ここ数年にわたる安倍政権下の日本の状況の特徴を、右翼キャンペーンによるリベラル封殺としてとらえ、そういう視野のなかで「吉田調書スクープ」の取り消し騒ぎを見たように思われる。

マッカーシズムの再来

二〇一四年十二月二日、ニューヨーク・タイムズはマーティン・ファクラー東京特派員による「SAPPORO〔札幌〕発」特派員電を報じた。題して「戦争の書き変え　日本の右翼、新聞を攻撃（*Rewriting the War, Japanese Right Attacks a Newspaper*）」（注45）。

ファクラー特派員が札幌へ出かけたのは、言うまでもない。例の「従軍慰安婦・虚報」の筆者で、札幌の大学で非常勤講師を勤める植村隆さんに直接会って、話を聞くためだ。「日本の政治的右翼のターゲット」にされ、自分の娘まで「ウルトラナショナリストたち」からネットで「自殺」するよう脅迫されている植村さんの過酷な状況に、タイムズ紙として報じるべき、日本政治の現況の縮図を見たからに違いない。

ファクラー特派員はこう書いている。

〔植村さんへの〕脅迫は、日本の右翼メディアと政治家による大規模で激烈な朝日新聞に対する攻撃の一部である。これは、安倍首相による右寄り政権下、燃え上がった、日本の戦時中の行為の責任をめぐる長年の論争における、最も新しい一斉攻撃である。

この最新の攻撃キャンペーンはしかし、戦後日本で目の当たりにしてきたものをすでに超えたものだ。そこには、安倍氏自身を含むナショナリストの政治家たちが、日本の進歩

注45　ニューヨーク・タイムズ（電子版）、「戦争を書き変え　日本の右翼、新聞を攻撃」
→ http://www.nytimes.com/2014/12/03/world/asia/japanese-right-attacks-newspaper-on-the-left-emboldening-war-revisionists.html

的な政治的影響力の最後の拠点のひとつを脅しつけた権力乱用の激しい流れがある。(注46)

日本のリベラルの最後の拠点のひとつ、「朝日」を陥落させる一斉攻撃……。ファクラー特派員はこの記事のなかではふれてはいないが、その中に、「吉田調書スクープ」に対する非難キャンペーンがあったことも、これまた間違いないところだ。

ファクラー特派員は植村隆さんを支援している、山口二郎・北海道大学教授（政治学）にも聞いて、以下の見解を紹介している。

安倍はほかのメディアを自己検閲に仕向けるため、この朝日問題を利用している。これは、あたらしいかたちのマッカーシズム（a new form of McCarthyism）だ。

マッカーシズムとは一九五〇年代のアメリカに吹き荒れ、「反共」の名の下、政府職員、マスメディア関係者を沈黙させた「赤狩り旋風」のことだ。

それがいま、この日本で、あたらしいかたちで再現されている……。日本を代表する政治学者が、そうニューヨーク・タイムズに対して証言した……。

なるほど、あの朝日新聞の「吉田調書スクープ」に対する攻撃キャンペーンとは、日本型マッカーシズムによる言論の自由、報道の自由に対する攻撃の一環として捉えるべきものだったのか……。

山口二郎教授のこの指摘は、物事を楽観視しがちなわたしたちの目をさまさせるに十分な、時代の警鐘であると言えるだろう。

「彼らは脅して沈黙させようとしている」

この「サッポロ発特派員電」が掲載された翌日、同年十二月三日の紙面で、ニューヨーク・タイムズの論説委員会は、「日本における歴史の塗り替え（*Whitewashing History in Japan*）」と題する社説を掲げた。（注47）

このなかでタイムズ紙は、「安倍政権は戦時中の歴史の塗り替えを要求する者たちに迎合す

注46　この部分の記事原文は次の通り。

The threats are part of a broad, vitriolic assault by the right-wing news media and politicians here on The Asahi, which has long been the newspaper that Japanese conservatives love to hate. The battle is also the most recent salvo in a long-raging dispute over Japan's culpability for its wartime behavior that has flared under Prime Minister Shinzo Abe's right-leaning government.

This latest campaign, however, has gone beyond anything postwar Japan has seen before, with nationalist politicians, including Mr. Abe himself, unleashing a torrent of abuse that has cowed one of the last strongholds of progressive political influence in Japan.……

注47　ニューヨーク・タイムズ（電子版）、社説、「日本における歴史の塗り替え」

→ http://www.nytimes.com/2014/12/04/opinion/whitewashing-history-in-japan.html?module=Search&mabReward=relbias%3Ar%2C%7B%222%22%3A%22RI%3A12%22%7D

る火遊びに興じている（The Abe government is playing with fire in pandering those demanding a whitewash of wartime history.）」と批判したあと、ファクラー特派員が札幌でインタビューした、植村隆さんの「彼らはわたしたちを脅して沈黙させようとしている（They want to bully us into silence.）」という言葉を引き、日本の言論の危機に警鐘を鳴らした。

歴史の塗り替え、ホワイトウォッシュ。

戦時中の非人道行為もさることながら、フクイチ核惨事をめぐる真実の書き替えもまた、許されることではないだろう。

フクイチは海洋汚染の広がりなど、グローバル規模の史上最悪の核惨事として今なお、世界を脅威にさらし続けている。

日本のメディアは「特定秘密保護法」による威嚇と情報隠蔽でもって、さらに御用化するかも知れないが、二〇二〇年の東京オリンピック開催に向かうなか、国際社会の「フクイチ」への目はさらに厳しいものになるはずだ。

日本政府による原発情報封殺、すなわち「フクシマ・ファシズム」による「フクシマ・ホワイトウォッシュ」は、日本国内でのさらなる抵抗を呼び覚ますばかりか、被曝・汚染問題で透明性を求める、グローバルな反被曝レジスタンスの広がりとも、ぶつかり合うことになるだろう。

いつか来た、その道へ戻ってはならない。

始まりのためのエピローグ

「最後の人」

「この人の最後の生き方」——

二〇一三年八月五日付の『南ドイツ新聞』の第三面を全部つぶして、こんな見出しの長文のルポ記事が掲載された。

その人は、そこで——記事についたカラーの写真の中で、黒い牛たちと一頭のポニー、一匹の犬に囲まれ、緑の草地に立っていた。黒牛の一頭に草を食べさせながら、写っていた。

いま試《ため》しに「この人の最後の生き方」と訳したドイツ語は、

Der Letzte seiner Art

――だ。

「彼の最後の作法」「彼の最後のやり方」とも訳せそうだが、本書エピローグの最初の言葉として「この人の最後の生き方」と訳してみた。

「最後の生き方」をしている「この人」とは、二〇キロ圏内「警戒区域」に指定された、福島県富岡町の無人の地にたった一人で残り、保護した動物たちの世話を続ける松村直登《なおと》さんのことだ。

日本以上に、海外で、とりわけヨーロッパで知られた人である。

ご存じでない方のため、かんたんに紹介すると、松村直登さんは「3・11」まで、富岡町内で建設業を営んでいた。フクイチで設備工事に携わったこともある。フクイチが次々と爆発するなか、年老いた両親らを連れていったんは町外に脱出したが、避難所がすし詰め状態だったことから富岡に戻った。

そこで、無人の町に放置された生き物たちと出会い、これは放っておけないと、たった一人で保護に乗り出す。そしていま、フクイチの南西一二キロの場所で、車を十数キロも追いかけてやってきたダチョウをはじめ、犬、猫、牛、馬などさまざまな動物のめんどうをみて暮らし続けている人――それが松村直登さんだ。

その松村さんを、『南ドイツ新聞』のステファン・クライン（Stefan Klein）記者がミュンへンからはるばる訪ね、五時間にわたって通訳つきの綿密な取材をしたのは、記事掲載の半月前、同年七月二十日のことだった。(注1)

クライン記者は一冊の写真集を携え、やってきた。それは、東京で特派員活動をしたこともあるイタリア人フォトジャーナリスト、アントニオ・パニョッタ（Antonio Pagnotta）さんが(注2)四カ月ほど前、フランスの「ドン・キホーテ（Don Quichotte）」出版から出したばかりの写真報告、『フクシマの最後の人（*Le dernier homme de Fukushima*）』(注3)だった。

クライン記者は、そこに書かれた記述をいちいち確認するかたちで、しまいには松村さん自身が疲れをおぼえるほど入念な取材をして帰って行った。

クライン記者は「最後の人」、松村直登さんの何に注目し、どんな報告をしていたか。

ベルリン在住のジャーナリスト、梶村太一郎さんがブログ報告でこのルポのことを、記事の

注1　松村直登さんのブログ、「警戒区域に生きる～松村直登の闘い」、「南ドイツの取材」（二〇一三年七月二十日付）
→http://ganbarufukushima.blog.fc2.com/blog-entry-41.html

注2　アントニオ・パニョッタさんの松村さんの取材については、以下のサイトを参照。
→http://www.ledernierhommedefukushimaafessenheim.com/index.php/presentation-de-l-equipe-du-projet/antonio-pagnotta

注3　松村直登さんはブログで『フクシマの最後の人』の出版について報告している。（二〇一三年二月一-一日付）
→http://ganbarufukushima.blog.fc2.com/blog-entry-27.html

写真を添えて書いているので紹介しよう（注4）。

記事のタイトル（主見出し）が「この人の最後の生き方」（拙〔大沼〕訳）であることは先ほど述べたが、では、それをさらに説明し、記事の全体像を浮かび上がらせるサブタイトル（副見出し）の方はどうなっているのか。

梶村さんはこのサブタイトルを以下のように訳し、日本のわたしたちに、このルポ記事の重要性を――クライン記者の真剣な取材で浮かび上がった、松村直登さんの「最後の生き方」の意味を教えている。

松村直登はフクシマの死の領域で唯一の人間として生きている
この人物は狂ってはいないどころか、そうする非常に理解できる理由を抱いている
Naoto Matsumura lebt als einziger Mensch in der Todeszone von Fukushima
Verrückt ist der Mann nicht, er hat sogar sehr verständliche Gründe

放射能に汚染された「死の領域」のなかに踏みとどまり、ほかの生き物たちとともに「唯一の人間」として生きている松村さん。

そうした「狂気の沙汰」を敢えて続ける松村さんは「狂っていない」、彼にはそうするだけの非常に理解できる十分な理由がある、とクライン記者は取材者の結論として言い切っているの

だ。

被曝の危険を知りながら、それでも、ひとりの人間として、極限の状況下での「最後の生き方」として、人間とともに生きてきた生き物たちのいのちを見捨てず、やれることをやり続けている。そんな松村さんの姿にクライン記者は、人間の尊厳を見たのである。

そこには、「被曝地での動物やペットの保護活動」の一言ではとても括りきれない、より根源的な問いかけさえあった。わたしたち人間の、ともに生きるほかのいのちたちに対する責任の問題が提起されていることをクライン記者は示し、そのことの重大な意味を考えるよう、梶村さんはわたしたちを促しているのである。

記事本文の内容を、梶村さんは「〔松村さんが〕ネコと戯れる光景から始まり、住居内の描写、事故以来の体験、そしてアントワーヌ・ド・サン＝テグジュペリ（Antoine de Saint-Exupéry）の『星の王子さま』のキツネの言葉を取り上げ、松村氏の考えを紹介しています」と要約している。

注4　この記事を『南ドイツ新聞』・電子版サイトで検索したが、見当たらなかった。同紙は二〇一二年三月六日付で、「フクシマの最後の農民（*Der letzte Bauer von Fukushima*）」との東京特派員の記事を電子版に掲載している。
→ http://www.sueddeutsche.de/panorama/reisanbau-in-der-sperrzone-der-letzte-bauer-von-fukushima-1.1301116

「星の王子さま」のキツネの言葉

それでは、クライン記者が松村さんの言葉に似ていると指摘した、サン＝テグジュベリの『星の王子さま（「ちいさな王子」*Der kleine Prinz*）』に出てくる「キツネ（Fuchs）の言葉」とは何か？

それは、別れ際、王子さまに向かって、こうキツネがこう教え諭す言葉である。『星の王子さま（*Le Petit Prince*）』の原文（フランス語）では、こうだ。

君はね、君がかわいがってきたものに、いつだって責任があるんだよ。
Tu deviens responsable pour toujours de ce que tu as apprivoisé.

ここで「かわいがってきた」と私訳（意訳）した《apprivoisé》という言葉は、もともとは「飼いならす」という意味である。飼いならしてきたいのちに責任を持つ……これはもう、まさに松村直登さんが続けていることではないか。

この別れの場面の前段でキツネは、遊んでくれとせがむ王子に実はこういう言葉を投げ返し、拒絶している。

君とは遊ばないよ。だって僕は飼いならされてなんか、いないんだから。
Je ne puis pas jouer avec toi, dit le renard. Je ne suis pas apprivoisé

そして「飼いならす」って何?――と聞き返す王子に、キツネは答えてこう言うのだ。

それはね、絆をつくる……ってことさ。
Ça signifie "créer des liens…".

そう、「3・11」のあと、さんざん言われた、あの「絆」が、『星の王子さま』の名場面、あのキツネとの対話の場面にも出て来るのだ。

そして、その「絆(liens)」がいま、地球という星の一角で――フクシマの「死の領域」において、人間によって飼いならされた動物たちのいのちに責任を持とうとする「最後の人」の「最後の生き方」の中で、維持されている………。

クライン記者が入念な取材で取り出した、二〇一三年の初夏における、フクイチ至近、松村さんのいのちの牧場の本質とは、おそらくそうした「絆」の維持に関することだった。

そこにどんな狂気があろう。狂っているのは、死の灰を振り撒き、いのちの絆を壊しておきながら、原発事故に「責任」をとろうとしない、安全地帯の「責任者」たちの方ではないか。

「エコロジー命法」

さて、こうした松村直登さんの生き方について、梶村太一郎さん自身はどう語っているか。梶村さんのベルリンからの報告ブログ(注5)の言葉は、こうだ。

放射能汚染に命がけで立ち向かい、エコロジー命法を実践されている松村さんに深い敬意を表したいと思います。

「エコロジー命法(ökologischer Imperativ)」とは、わたしたちには聞きなれない言葉である。梶村さんによれば、しかしドイツでは郵便の「切手」にもなった有名な言葉だ。ナチス・ドイツを逃れた亡命哲学者のハンス・ヨナス(Hans Jonas 一九〇三〜九三年)が、その主著、『責任の原理(*Das Prinzip Verantwortung*)』で述べた、人間が無条件に従わなければならない絶対的な道徳命法だそうだ。

以下はその、梶村さんの訳と原文。

汝の行為のもたらす因果的結果が、地球上で真に人間の名に値する生命が永続することと折り合うように、行為せよ。

Handle so, daß die Wirkungen deiner Handlungen verträglich sind mit der Permanenz echten menschlichen Lebens auf Erden.

なるほど、人間が人間であるなら、その行為の結果がこの地上における真に人間的な生の永続と契る行為をなさねばなるまい。

このハンス・ヨナスの「エコロジー命法」にサン＝テグジュベリの言葉を重ね合わせれば、人間は人間の生の永続を、ほかのいのちとの大切な絆を、自ら台無しにしてはならないことになる。

人間の生を見えない放射能で汚染し、人間とほかの生き物たちのいのちのすべてを、いのちの絆の総体を生存の危機にさらすもの——それが原発事故の恐ろしさであり、「フクイチ核惨事」の史上空前の脅威の正体ではないか。

アブラムシに奇形

「フクイチ核惨事」で振り撒かれた「死の灰」が、被曝地の生き物にさまざまな影響を与えていることは、内外の研究者たちの手で突き止められ、広く国際社会に報じられて来た。

注5　梶村太一郎さんのブログ報告（二〇一三年八月八日付）
→http://tkajimura.blogspot.de/2013/08/blog-post_8.html

二〇一四年一月十三日、国際学術誌、『エコロジーと進化（*Ecology and Evolution*）』に、秋元信一・北海道大学農学研究院教授のアブラムシ（木こぶ形成種）の奇形に関する研究結果が発表された。(注6)

フクイチから三二キロ離れた川俣町で採集したアブラムシの一三・二％で奇形を確認（対照群は平均三・八％）、なかにはお腹のところがふたつに分かれた幼虫もいた。

この問題は、テレビ朝日「モーニングバード」の「そもそも総研」がいち早く取り上げ、二〇一三年五月三十日に報じられているので、ご存じの方も多いはず。

番組のなかで秋元教授は、玉川徹レポーターのインタビューに応え、こう語った。(注7)

アブラムシのこの1齢の幼虫なんですけれども、たとえばこれは一番典型的な例なんですけれども、お腹が二つに分かれてしまっている。こういう例が見られました。これはまだ誰も見た事がないくらい、非常に珍しい、まれな変異です。（三十年以上研究を続けていて）全くありません。それから、アブラムシの発生の研究をしている日本の研究者、アメリカの研究者に聞いてもですね、「こういった異常は見た事が無い」という事なので、非常に……。「まず起こらないような変化」という事が言えると思います。

もちろん突然変異を引き起こす原因というのはさまざまなものが知られています。化学物質もそうですし、それから放射性物質ですね。で、福島のこの地域はですね、計画的避難区域になっていまして、農業も二年間行なわれていませんし、何かそこで化学物質が撒かれたっていう事は非常に考えにくいですね。

逆にこの地域は非常に放射線の汚染度は高い地域ですので、そういうふうに考えますと、やはり「放射線、放射性物質の影響で形態異常が生じてしまった」というふうに考えるのが、一番自然だろうというふうに考えています。

シジミチョウでも

世界でも未確認のアブラムシの異常が、フクイチ被曝地で初確認されていたわけだ。

そして今紹介した同じ日の「そもそも総研」で、もうひとつの生き物の異変が報じられていた。

琉球大学理学部の大瀧丈二准教授の研究室による被曝地のシジミチョウ（ヤマトシジミ）の研

注6　秋元教授論文 '*Morphological abnormalities in gall-forming aphids in a radiation-contaminated area near Fukushima Daiichi : selective impact of fallout?*'
↓ http://onlinelibrary.wiley.com/doi/10.1002/ece3.949/full

注7　秋元教授の「そもそも総研」での発言、「みんな楽しく Happy♡がいい♪」ブログの文字起こしより
↓ http://kiikochan.blog136.fc2.com/blog-date-201305.html

究結果。これも大瀧准教授自身の発言(注8)で見ることにしよう。

一番ひどかったのは触角が二股に分かれているとかですね。他にも触角の異常は沢山ありますし、足先が形成不全になるとかですね。で、もちろん羽の模様の異常もそうですし、羽の形の異常もそうですし、複眼の異常も見られますね。あとは、腫瘍みたいなものも見られましたね。

ヤマトシジミは一生が一カ月と大変短いので、(二〇一一年)五月から四カ月の九月では四世代群となり、人間で言うとおよそ一〇〇年間の影響を調査したのと同じ事になると言います。九月の調査では、つくば市で採取したものの異常率は六・七%でしたが、福島市や本宮市は三五%を超える高い異常率となりました。

総合的に考えてやはりこれは原発の影響かなというのが、一番妥当な結論ではないかと思いますね。これは、まあ、ヤマトシジミの場合ですので、人間にどのように当てはまるか、あるいはまったく当てはまらないのか、あるいは昆虫についてだけでもですね、他の昆虫にも当てはまるのか、やはりその辺は研究を続けていかないとわからない。ただ、少なくともヤマトシジミに関しては、それを食べるという事で、かなりの健康被害をもたらすという事が分かったという事ですね。

ヤマトシジミの触覚もまた、アブラムシの胴体同様、ふたつに分かれる奇形を起こしていたわけだ。

大瀧丈二准教授ら琉球大チームのヤマトシジミに関する上記の研究結果は、二〇一二年八月九日、世界で最も権威ある科学誌、『ネイチャー（*Nature*）』の電子版に発表され、英国のＢＢＣが世界に報じる（注9）など国際社会に衝撃を与えた。

そして二〇一四年五月十五日、琉球大チームはさらなる研究結果を同じ『ネイチャー』電子版に発表、（注10）またも世界にショックを与えたのである。（注11）

注8　同じ「みんな楽しくHappy♡がいい♪」ブログの文字起こしより
→http://kiikochan.blog136.fc2.com/blog-date-201305.html

注9　ＢＢＣ、「〝重度の異常〟、フクシマの蝶で見つかる（*'Severe abnormalities' found in Fukushima butterflies*）」（二〇一二年八月十三日付）
→http://www.bbc.com/news/science-environment-19245818

注10　『ネイチャー』電子版、「福島原発事故のシジミチョウへの生物学的影響（*The biological impacts of the Fukushima nuclear accident on the pale grass blue butterfly*）」
→http://www.nature.com/srep/2012/120809/srep00570/full/srep00570.html

注11　たとえば、世界的なネット・メディアである『ヴァイス（*Vice*）』の以下の報道（二〇一四年五月二十四日付）
→https://news.vice.com/article/vice-on-hbo-debriefs-playing-with-nuclear-fire-no-man-left-behind

その内容は、フクイチ被曝地で採取したセシウム汚染葉で育ったヤマトシジミで、死亡率、奇形率が急増したというもの。

福島市内採取葉では死亡率五八・三%・奇形率七三・一%、飯舘村平野部採取葉では死亡率六三・〇%・奇形率七五・〇%に達した（これに対して、山口県宇部市採取葉では、それぞれ四・八、六・二%にとどまった）。

福島市内採取葉による内部被曝は毛虫段階で推定二・八ベクレル。飯舘村平野部採取場では同三・三ベクレルだった。

こうした結果について研究チームは、これが人間とどんな関係があるかは実験が不可能である以上、ハッキリしたことは言えないとしながら、「しかし、ここで明記しなければならないことは、われわれがサンプルとした汚染葉は、多くの人々が何事もなかったように暮らしている福島市で採取されたものである、ということだ」とも指摘し、そのうえで、以下のように警鐘を鳴らした

われわれの研究結果は、それどころか、西ドイツ、米国でチェルノブイリ事故に起きた乳幼児死亡率の急増という結果と一致するものである。

Moreover, our results are consistent with the previous human results after the Chernobyl accident, in which infant mortality rate increased sharply in West Germany and in the United States.

これは重大な問題提起である。ヤマトシジミという小さな蝶も、わたしたちの子どもたちも、いのちであることに何の変わりもない。いのちであるということにおいては、もちろん、あのアブラムシさえも。

彼ら・彼女たちの異変は、わたしたちの異変ではないと、どうして言い切れよう。いのちのつながり、連続性を考えれば、虫たちの異変は、とりもなおさず、わたしたち人類の異変ではないか。

ツバメに白斑

これとの関連で言えば、フクイチ被曝地ではツバメにも異変が起きている。これはいずれも、米国の生物学者、サウスカロライナ大学のティモシー・ムソー（Timothy Mousseau）教授のこれまで一〇回以上にわたる現地調査で確認されたものだ。

ムソー教授は「3・11」以前、チェルノブイリの被曝地で調査を続けていた。「フクイチ核惨事」以降は、ふたつの被曝地で、生物に対する影響を並行して調べている。その結果、何が分かったか？

二〇一三年十月、米国のネット・ラジオ、『パブリック・ラジオ・エクスチェンジ（*Public*

Radio Exchange)』（米マサチューセッツ州ケンブリッジ）が放送した、ムソー教授へのインタビューでの発言が、研究結果をわかりやすく伝えているものなので、そこでの教授の発言を紹介しよう（太字強調は大沼）。(注12)

フクシマのツバメたちの多くは、これまで調べたうちの大体、**一〇％のツバメに白い羽毛の斑点**ができています。これはチェルノブイリでのわたしたちの記録とまったく同じです。つまり、チェルノブイリと同じことがフクシマでも起きているようなのです。

そしてほんとうにショッキングだったのは、**腫瘍**が出ていることです。……（チェルノブイリと）同じ頻度です。

そしてわたしたちがとても驚いたのは、福島県の最も放射能に汚染された地域で、多くの種類の鳥たちが減っていることです。ここにもチェルノブイリで起きたことと、とてもよく似たパターンがあります。

フクシマとチェルノブイリに共通する一**四種類の鳥**たちに同じようなパターンが見られますが、被曝によるネガティブな反応の力は、**フクシマがチェルノブイリの〔2〕倍以**

上です。これはすくなくとも被曝の影響がフクシマの方が、少なくとも現状においてより強いということを意味しています。

When we looked at 14 species that were identical in both areas we found that they showed the same sort of pattern but that the strength of the response of the negative response to radiation was more than 2 times in Fukushima as what we currently see in Chernobyl — implying that the effects are stronger in Fukushima, right now at least.

フクイチ被曝地の鳥たちの被曝の影響はチェルノブイリの倍以上ではないか、というムソー教授の指摘はきわめて深刻な意味をもつものだが、ツバメのおよそ一〇羽に一羽に白い斑点があるという調査結果も、被曝地に残った牛たちでも同様の白い斑点が確認されているので、注目しなければならない点だ。

注12　ネット・ラジオ、『パブリック・ラジオ・エクスチェンジ』、「原発事故の長期的影響とは何か？ 第一部（*What ARE the long term effects of nuclear accidents?? Part One*）」
→https://beta.prx.org/stories/104331#description
ムソー教授の発言トランスクリプト（抄）は、『エネニュース』
→http://enenews.com/expert-theres-just-very-few-of-the-birds-left-in-the-high-contamination-from-fukushimas-plant-things-are-not-looking-good-we-noticed-spider-webs-looked-strange-photo-anim

牛たちにも白い斑点

フクイチから一六キロの浪江町に踏みとどまり、自分の牧場の名を「希望の牧場・ふくしま」と変え、被曝した牛たちの世話をし続けている吉沢正巳さんも、松村直登さんと同じ、「フクシマ最後の人」である。

吉沢正巳さんは原発の排気塔やクレーンが見えるこの牧場で、事故を目撃した。3号機の爆発の轟音を聞き、自衛隊ヘリの海水投下も目撃した。

二〇キロ圏が立ち入り禁止になり、畜産農家の牛たちが餓死した。政府は生き残った牛を殺処分すると言った。しかし、吉沢さんは牛たちを見捨てなかった。

三〇〇頭以上もいる牛たちの体に、見たこともない白い斑点が出るようになった。

二〇一四年六月二十日、白い斑点の出た黒牛をトラックに乗せ、「希望の牧場」を出発、東京へ向かった。霞が関の農水省前で、牛を荷台から降ろそうとして警官たちに押し戻された。

農水省に行ったのはほかでもない、牛たちの斑点が放射能と関係があるのかどうか、検査を申し入れるためだった。黒牛の「直訴」は叶わなかったが、吉沢さんは支援に来てくれた松村直登さんらと牛の張りぼてを乗せたリヤカーを引き、抗議デモを行なった。

このありさまを、AP通信は東京発の特報（ビッグストーリー）(注13)として全世界に配信した。吉沢正巳さんの怒りの叫びが国際社会に拡散した。

町は捨てられ、避難した人も捨てられた。この牛たちも、人間たちも、まだ生きているんだ。おれたちは黙っちゃいられない！

"Discarded towns, discarded evacuees. The cattle and people are still living. We cannot remain silent," Yoshizawa said.

死んだ馬は何を見たか

馬も犠牲になった。被曝地に踏みとどまり、生き残った馬を守る牧場主もいた。細川徳栄《とくえ》さん。飯館村の「最後の人」である。

二〇一三年十月二十七日、英語世界における最高権威紙のひとつ、英国の『ガーディアン』が、細川徳栄さんのことを詳しく報じた。ジャスティン・マッカリー（Justin McCurry）記者による電子版の記事（注14）には、別建てで「写真集」（注15）が掲載された。

注13　AP通信、「フクシマの牧夫　生きた牛と東京にアピール（*Fukushima farmers appeal to Tokyo with live bull*）」
→http://bigstory.ap.org/article/japan-farmers-seek-aid-radiation-zone-cattle

注14　『ガーディアン』、「フクシマの馬のブリーダーは、馬を世話するために高線量をいとわない（*Fukushima horse breeder braves high radiation levels to care for animals*）」
→http://www.theguardian.com/environment/2013/oct/27/fukushima-horse-breeder-radiation-animals

一四枚組の白黒写真は、「フクイチ核惨事」の恐ろしさと、にもかかわらず牧場で馬を守り続ける細川徳栄さんの「最後の生き方」を写し撮っていた。

白い仔馬が鼻面で牧柵越しに細川さんの頬をなで、その姿を母親の白馬が見守る写真。

死んで横たわる馬のタテガミの後ろから、周りを取り囲んで見下ろす人たちを、空を見上げた目線で撮影した写真。倒れた馬の最後の視界を切り取ったような構図の一枚。

マッカリーさんの記事には、細川さんが今、そこにいる理由が、細川さん自身の言葉で、こう書かれていた。

原発事故が起きた直後に、一頭の母馬が出産した。生まれたばかりの仔馬が立ち上がって、母馬のおっぱいを飲み始めたとき、わたしはもう、どこにも行けないことを知ったのです。

Just after the accident one of the horses gave birth. When I saw that foal get to its feet and start feeding from its mother, I knew there was no way I could leave.

記事によると、細川さんの牧場は三代、百年にわたって維持されて来た。細川さんの馬はテレビのCMに出たり、相馬の「野馬追」に出たりして来た。

フクイチ発の放射能プルームは、そんな細川さんの牧場を這うように通過して行った。

マッカリー記者が取材したその年、二〇一三年の年明けになって、とくに仔馬がヨタヨタして歩けなくなり、倒れるようなった。最初の数週間だけで、一六頭が謎のように死んだ。四頭を解剖したが、病変は見つからなかった。しかし、キロあたり二〇〇ベクレルの放射性セシウムが検出された。

『ガーディアン』の記事の最後は、こんな細川さんの言葉だった。

ここは涙にあふれかえったところ。ここは明日のない村なのです。

This place is awash with tears. It's a village with no tomorrow.

注15　写真を撮影したのは、カメラマンの小原一真（かずま）さん。小原さんは、スイスの出版社から、原発事故・震災の記録写真を収めた写真集『*Reset Beyond Fukushima* ─福島の彼方に』を出している。
なお、細川さんの牧場には「3・11」後、「土門拳賞（第一回）」受賞カメラマンの三留理男（みとめ・ただお）さんが泊りがけで入り、写真集『3・11　FUKUSHIMA 被曝の牧場』（具象舎刊）を発表している。
三留理男さんの飯舘村入りについては、ジャパン・タイムズが二〇一四年六月十四日付で、英文記事を報じている。「写真家、フクシマの記録に入る（*Photog returns home to chronicle Fukushima*）」
→ http://www.japantimes.co.jp/news/2014/06/14/national/photog-returns-home-chronicle-fukushima/#.U50Z82e7J
このなかで三留さんは、「死んだ馬たちの目は、原発惨事について決して忘れないように言わんとしているようだった」（……as though the eyes of the killed animals were trying to tell him that they would never let human beings forget about the nuclear disaster……）と語っている。

マッカリー記者の記事は、細川さんのこの最後の言葉で終わっているが、この記事を読み、写真を見た読者のなかには、あの松村直登さんを訪ねた『南ドイツ新聞』のクライン記者が『星の王子さま』の一節を思い起こしたように、南米、ウルグアイ生まれのフランスの詩人、ジュール・シュペルヴィエル（一八八四〜一九六〇年）の、あの有名な詩、「運動（*Mouvement*）」の最初の二行を思い出す人もいることだろう。

振り返ったその馬は
誰も見たことのないものを見た
Ce cheval qui tourna la tête
Vit ce que nul n'a jamais vu

シュペルヴィエルの「その馬」は、「別の馬が二百万年前に見たもの」を見たのだが、細川さんに見守られて死んだ馬たちは、被曝地の牧場で、何を見たのだろう。

いのちの永遠の相の代わりに、いのちの持続の断絶を見たのではないか。

細川さんの「最後の生き方」を知った人のなかには、あるいはシュペルヴィエルの詩ではなく、恩田侑布子さんの句集、『振り返る馬』（思潮社刊）を想起した人もいるかもしれない。その中のこんな句を、悲しい思いで読み返した人もいるかもしれない。

振り返る馬よ粒子の銀河より

飯舘村の牧場にはしかし、銀河からではなく、フクイチ発の放射能の粒子が届いたのである。

ニホンザルが血液に異常

そして——二〇一四年七月二十四日、またも世界を震撼させるニュースが広がった。『ネイチャー』誌に、フクイチ被曝地のニホンザルが体内に放射性セシウムを蓄積し、血液異常を起こしているとの日本人研究チームの論文が掲載された。

英国の『ガーディアン』はコトの重大性を認識してのことか、『ネイチャー』と同時に、同日付で「日本のサルたちの血液異常、フクシマ核惨事と連関—研究報告（*Japanese monkeys' abnormal blood linked to Fukushima disaster – study*）」とのタイトルで、論文の内容を詳しく報じた。(注16)

それによると、日本獣医生命科学大学の研究チームが突き止めたもので、フクイチから七〇キロ離れた福島市内の区域に生息する野性のニホンザルの群れ（六一匹）(注17)の血液と、四〇〇キロ離れた青森・下北半島のニホンザルの群れ（三一匹）の血液を調べた結果、わかった。

具体的には、福島市のニホンザルは血球数が少なく、生息地域の土壌の放射能汚染レベルに相関する放射性セシウムを体内に蓄積していた（The Fukushima monkeys had low blood counts and radioactive caesium in their bodies, related to caesium levels in the soils where they lived.）。下北のニホンザルからはセシウムは検出されなかった。

とくに福島の若い（未熟な）ニホンザルは白血球の数が最低で、セシウムの体内蓄積は逆に最大だった。これは、幼く、若いニホンザルほど放射能被曝汚染の影響を受けやすいことを示すものだ。

福島のニホンザルも冬の間、木の芽や皮を食べるが、それは放射能が蓄積する部位であることがわかった。

病気や栄養不良による血球数の減少の可能性については否定。「血球数の減少などの異常は、低線量被曝による長期的な効果として、チェルノブイリの汚染地域に住む人々の間で報告されている」と指摘した。

『ガーディアン』の取材に対して研究チームの教授は、「人類に最も近い霊長類から得られた、この最初のデータは、人間の放射線被曝による健康への影響を将来的に研究する上で、特筆すべき貢献をなすものだ」と語った。

「人類に最も近い霊長類」——たしかにそうである。「ニホンザル」は言うまでもなく、わたしたち「日本人」に最も近い霊長類である。フクイチ被曝地の霊長類が血液異変を起こしている。これは実に重大な事実ではないか。

『ガーディアン』の記事は「健康に対する影響で最もダメージを与えるもののひとつは被曝そのものではなく、被曝の恐怖」などとする英国人科学者二人のコメントも載せているが、福島市のニホンザルたちは「フクイチ核惨事」をいかなる方法で知り、いかなる恐怖を覚えたこと

注16　『ガーディアン』（電子版）→http://www.theguardian.com/environment/2014/jul/24/japanese-monkeys-abnormal-blood-linked-to-fukushima-disaster-study

ロサンゼルス・タイムズ（ＬＡＴ）も同日付で報道し、ワシントン・ポスト（ＷＰ）も同二十八日付でこれを転載し報じている。

ＬＡＴ、「福島原発近くの野生ザルが血球数減少被害（*Wild monkeys suffer low blood cell counts near Fukushima power plant*）」

→http://www.latimes.com/science/sciencenow/la-sci-sn-fukushima-monkeys-20140724-story.html

ＷＰ、「日本の原発事故は近くに生息する野生のサルたちに健康被害を及ぼし済みかもしれない（*Nuclear accident in Japan may have harmed health of wild monkeys living nearby*）」

→http://www.washingtonpost.com/national/health-science/nuclear-accident-in-japan-may-have-harmed-health-of-wild-monkeys-living-nearby/2014/07/28/117eca86-1416-11e4-98ee-daea85133bc9_story.html

ロサンゼルス・タイムズの記事は、「福島市郊外の群れ」が血液異常（赤血球・白血球減少）を起こしており、その「筋肉から」放射性セシウムを検出、日本の研究チームが「免疫システムがやられ、病気に対する抵抗力が落ちている可能性がある」と指摘していると伝えている。

注17　群れが生息するロケーションについては、発表論文の次の記述による。

……wild Japanese monkey (Macaca fuscata) populations inhabiting Fukushima City, the eastern part of Fukushima Prefecture, located 70 km from the NPP……

か。

いのちを守る最後の生き方

「フクシマの最後の人」の一人、「希望の牧場」の吉沢正巳さんは、牛たちを守るため残留を決心した瞬間を、ニューヨーク・タイムズのマーティン・ファクラー記者にこう説明した。(注18)

牛舎のなかの死んだ母牛のそばで、生まれたばかりの子牛が泣き叫んでいた。この子を救わなければと思った瞬間が、残留を決意した瞬間だった。彼〔吉沢さん〕はその子牛に「イチゴ」、つまり「ストロベリー」と名付けた。

In one barn, a newborn calf hoarsely bawled next to its dead mother. He said his spur-of-the-moment decision to save the calf, which he named Ichigo, or Strawberry, was his inspiration for trying to save the others left behind.

ファクラー特派員は日本語に堪能な人だから、「イチゴ」と聞いて「ストロベリー」を連想したのではないかと思うが、吉沢さんのなかでは「一期一会」のイチゴもあったのではないか。

吉沢さんはその子牛との一期一会の出会いのなかで、「希望の牧場」のいのちを守る「最後の生き方」を選びとったのではないか。

浪江町に踏みとどまった「最後の人」は、ファクラー特派員の記事を通じて、世界の読者に、原発事故という「フクシマで人間が起こした、この愚行（the human folly here in Fukushima）」を見よと迫った。「この牛たちこそ、生きた証（living testimony）」だと迫った。

日本の政府はこの牛たちを殺して、ここで起きたことを消し去り、事故前に戻りたがっているが、わたしはそうはさせない、と言った。

その吉沢さんの「わたしはそうはさせない（I am not going to let them.）」は――もはや言うまでもなく、「わたしたち」の「そうはさせない」でもある。

わたしたちも、「そうはさせない」。

吉沢さんや細川さん、松村さんらの、いのちを守る「フクシマの最後の生き方」は、わたしたちの生き方でなければならない。

注18　ニューヨーク・タイムズ（電子版）、「日本政府に抗して　牧夫はフクシマの被曝牛を守る（*Defying Japan, Rancher Saves Fukushima's Radioactive Cows*）」（二〇一四年一月十一日付）
→ http://www.nytimes.com/2014/01/12/world/asia/defying-japan-rancher-saves-fukushimas-radio-active-cows.html?hpw&rref=world

あとがき

二〇一四年十二月二十日、4号機核燃プールに最後まで残っていた未使用核燃料四体が取り出された。輸送容器（キャスク）に入った核燃料はクレーンでプールから引き上げられた。取り出し作業は報道陣に公開され、十五分ほどで終えた。

東電によると、輸送容器は除染後、クレーンで地上まで吊り降ろし、トレーラーに積載し、6号機の核燃プールへ移された。移送作業は同二十二日までに完了した。（注1）

爆発や火災で破損した4号機建屋内のプールには使用済み一三三一体、未使用二〇四体の計一五三五体の核燃料があった。

世界は、フクシマ・ダイイチの「#4SFP（spent fuel pool）」、すなわち「4号機使用済み核燃プール」が、次なる地震で倒壊し、核燃料が核の火山のように溶融・爆発して、膨大な量の放射能が環境に放出されるのを恐れ続けていた。その脅威がひとつ取り除かれたことで、国際社会はとりあえず胸を撫で下ろすことができたわけである。

「#4SFP」の脅威がどれほどのものだったか、ここでもういちど思い起こしておこう。

京大原子炉実験所助教の小出裕章さんは二〇一二年五月四日、ニューヨークの立正佼成会・

仏教センターで開かれた記者会見（「社会的責任を果たす医師団（Physicians for Social Responsibility）」「人権ＮＯＷ（Human Rights Now）」「生きいきとした春を求める声（Voices for Lively Spring）」共催）で講演した。「フクイチ核惨事」の全貌を語るとともに「＃４ＳＦＰ」の脅威についてこう警告した。

> ４号機使用済み燃料プールに眠っている放射性セシウムは、すくなく見積もっても、ヒロシマ原爆の五〇〇〇発分に相当します。（注２）
>
> Now, even taking low estimate the amount of cesium-137 that is contained in the [No. 4] spent fuel pool, it's roughly 5,000 times the amount of cs-137 released during the Hiroshima bombing.

少なくともヒロシマ原爆五〇〇〇発分！　それほど大量の死の灰が、まるでヒロシマの原爆ドームのような惨憺たる姿に変わった、あの４号機の建屋の核燃プールの中にある……。それ

注１　東電、「燃料取り出し　４号機」
→ http://www.tepco.co.jp/decommision/planaction/removal/index-j.html

注２　『エネニュース』
→ http://enenews.com/nuclear-professor-5000-hiroshima-bombs-worth-cesium-137-spent-fuel-pool-4-low-estimate-video

が地球環境に放出されたら……。小出さんの警告はさまざまなネット・メディアを通じて世界に拡散し、日本にも還流して衝撃を広げた。

その、いわば人類の生存にかかわる実存的な脅威が取り除かれたことで、国際社会はとりあえず、安堵の吐息をひとつだけ漏らすことができた。ニューヨーク・タイムズは、こう報じた。（注3）

燃料取り出しという技術的に難しい仕事を成功させたことで、東電はフクイチの最も気がかりな脆弱性を取り除くことができた。

By succeeding in the technically difficult task of extracting those rods, Tepco eliminated one of the plant's most worrisome vulnerabilities.

核燃の取り出しは、一部は溶融していたようで、非常に危険な作業だったらしい。東電の担当者が米国のテレビの取材クルーに対し、「つぶれたタバコの箱から抜き取るどころじゃないんだ。その箱の中のタバコが燃えている状態を想像してくれ（and imagine that the cigarette in that box is lit.）」というほど難しい作業だった。（注4）

それほど難しい仕事を、東電はとにかくひとつ、やり遂げた。これはこれで評価されなければならないことである。これはひとり東電だけの問題ではなく、わたしたちの日本が国際社会に対して顔向けできる、ひとつの達成ではある。

なにしろ日本は事故当時、「4号機」対策においても無能さを発揮し、国際社会の怒りを買っていたのだから。

ひとつだけ、当時の出来事を記しておこう。

米国の『ニュージャージー・ニューズルーム・コム（NEWJERSEYNEWSROOM.COM）』に掲載されたロジャー・ウィザースプーン（Roger Witherspoon）記者の調査報道記事、「フクシマ救援作戦の消えない遺産：アメリカ人の放射能汚染（*Fukushima Rescue Mission Lasting Legacy*：*Radioactive Contamination of Americans*）」（注5）の中に、「4号機爆発」という深刻な危機に直面した米政府が、はるばるオーストラリアから「コンクリートポンプ車（concrete pumper truck）」を在日米軍の海軍基地まで緊急空輸し、フクイチの事故現場へ向かわせようとしたところ、路上

注3　ニューヨーク・タイムズ、「燃料棒は損傷したフクシマの原子炉建屋から運び出された（*Fuel Rods Are Removed From Damaged Fukushima Reactor Building*）」（二〇一四年十二月二十日付）
→ http://www.nytimes.com/2014/12/21/world/asia/fuel-rods-are-removed-from-japans-damaged-fukushima-reactor.html?_r=0

注4　米CBS、「フクシマ廃炉は数十年、足をひきずるように続きかねない（*Fukushima cleanup could drag on for decades*）」（二〇一四年一月二十七日付）
→ http://www.cbsnews.com/news/fukushima-cleanup-could-drag-on-for-decades

注5　『ニュージャージー・ニューズルーム・コム（NEWJERSEYNEWSROOM.CO）』（二〇一三年一月三十一日付）
→ http://www.newjerseynewsroom.com/nation/a-lasting-legacy-of-the-fukushima-rescue-mission-part-1-radioactive-contamination-of-americ

されているのだ。

を走行するライセンスのある車両ではないとして、日本の当局から走行を阻まれたことが報告されているのだ。

米国の原子力専門家の団体、「憂慮する科学者たち」のデイヴィッド・ロクバウム博士が事故当時の米当局のメール、電信などを解析して突き止めたものだが、一刻を争う事態にもかかわらず、日本の当局は合理的な判断能力を失い、わざわざ南半球から空輸された「コンクリポンプ車」に（一時的にせよ）足止めをかけ、米海軍基地（恐らくは厚木基地）内に繋ぎとめるという、自分の首を絞めるような真似を仕出かしていたわけだ。

それはともかく、ここでもう一度「＃４ＳＦＰ」からの核燃取り出し完了を伝えるニューヨーク・タイムズの記事に戻ることにしよう。そこには、念を押すように、こうも書かれていたのだ。

この取り出しは、破壊された四つの原子炉建屋（のプール）からの最初のものだ。……東電はさらに、それ以上に挑戦的な、メルトダウンを起こした三つの原子炉の溶融核燃料を取り出す任務に直面している。これらの原子炉は損傷があまりにもひどく、放射線量もあまりに高いので、溶融核燃の取り出しには数十年かかるとされている。数人の専門家はこの取り出しは土台、不可能かもしれないとしており、代わりに、厚いコンクリートで石棺

（sarcophagus of thick concrete）化するよう求めている。

東電の前にはこの先、1～3号機の原子炉建屋内核燃プールの核燃取り出しに加え、メルトダウンした1～3号機の溶融核燃料の取り出しという、史上空前ともいうべき困難かつ（少なくとも現段階では）不可能な——膨大で危険な作業が待ち構えているのである。

1～3号機各機プールの核燃は、1号機が三九二体、2号機が六一五体、3号機が五六六体。同じくメルトダウン原子炉溶融燃料は、1号機が四〇〇体、2号機が五四八体、3号機が五四八体。（注6）

建屋プールの核燃総量は計一五七三体、メルトダウンした原子炉核燃総量は一四九六体。

さきほど紹介した小出裕章さんの「4号機プール（一五五三体）で、少なくともヒロシマ原発五〇〇〇発」を目安に、乱暴な計算であることは承知の上で弾き出せば、1～3号機の核燃プールには合わせてヒロシマ原発、五〇〇〇発分以上の「死の灰」が貯蔵され、メルトダウンした1～3号機の下にも、ほぼ同五〇〇〇発分の放射能が溶融状態で存在している、ということになる。

計一万発！　東電の前には不可能に挑むに似た、空前絶後の途方もない作業が巨大な壁として

注6　福島県庁ホームページ、「福島第一・第二原子力発電所の燃料貯蔵」より。
→ https://www.pref.fukushima.lg.jp/sec/16025c/genan10.html

て立ちはだかっているのである。

とくに1～3号機核燃プールからの取り出しは、4号機がそうであったように、今後、地震などで倒壊も懸念され、早急な実施が至上命題だが、具体的な見通しは立っていない。


これにひとつ付け加えれば、1～2号機間に立つ「排気塔」が倒壊するのではないか、との懸念もある。

これは日本のコメディエンヌでフリージャーナリストでもある「おしどりマコ」さんが二〇一四年三月八日、ドイツのデュッセルドルフでの講演会、「フクシマの隠された真実」(*Die Wahrheit über Fukushima*)(注7)で、「わたしが最も危険と思うのは」と前置きして注意を喚起したことでもあるが、高さ一二〇メートルもある問題の「排気塔」が倒壊すると、煙突内の猛烈な放射能がフクイチ構内に飛び散り、構内での作業ができなくなる恐れがあるのだ。

「マコ」さんが講演で映写した「証拠写真」でもわかるように、排気塔を支えている金具の一部が腐食して外れてしまっており、地震に直撃されたら、倒壊しかねない状況だ。放射線量が高く、作業員が近づいて補修作業にあたることもできないらしい。

これは、国際社会を震撼させた「4号機核燃プール」問題に近い大変な脅威ではないか。

「石棺」化にしてもしかりである。かりにチェルノブイリのように「石棺」で覆うにしても、向こうはたった一機の石棺化だが、こちらは三機、それもすべてメルトダウン状態だから、それが最終的にどれくらいの巨大な規模のものになるのか想像もつかない。

だが、それだけならまだしも、それだけではないのだから、ほんとうに苦しい。核燃取り出しと並ぶ、もうひとつの巨大な難題が控えているのである。

言うまでもない。フクイチが地下水の流入で「放射能の水地獄」と化しており、もはや手に負えないギリギリの線に近づいていることだ。

二〇一四年四月、フクイチの現場（大熊）から、国際社会に対して「真実」を告げる通信社電が発せられた。**Okuma** 発のロイター電。（注8）そこに現場で苦闘する東電フクイチ原発所長、小野明さんのこんな言明があった。英語記事の原文とその日本語訳（拙訳）はこうだ。

注7　「おしどりマコ」さんの講演会は、ドイツ登録公益社団法人「さよなら原発 デュッセルドルフ（Atom-kraftfreie Welt ― SAYONARA Genpatsu Düsseldorf e.V.）」の主催。ドイツ語の逐次通訳で行なわれた講演は、ユーチューブで公開された（「マコさんの「排気塔」に関する警告は、開始二十六分四十秒から」。英語版のユーチューブもつくられ、世界に拡散した。

「さよなら原発 デュッセルドルフ」日本語ホームページ
→ http://www.sayonara-genpatsu.de/2014%E5%B9%B43%E6%9C%888%E6%97%A5%E3%81%8A%E3%81%97%E3%81%A9%E3%82%8A%E3%83%9E%E3%82%B3%E3%81%95%E3%82%93%E8%AC%9B%E6%BC%94%E4%BC%9A-%E3%83%95%E3%82%AF%E3%82%B7%E3%83%9E%E3%81%AE%E9%9A%A0%E3%81%95%E3%82%8C%E3%81%9F%E7%9C%9F%E5%AE%9F/

注8　ロイター、「フクイチの所長は放射能汚染水で〝困惑〟していると認めた（*Manager at Japan's Fukushima plant admits radioactive water 'embarrassing'*）」（二〇一四年四月十七日付）
→ http://uk.reuters.com/article/2014/04/17/uk-japan-fukushima-water-idUKBREA3G29C20140417

"It's **embarrassing** to admit, but there are certain parts of the site where we don't have full control," Akira Ono told reporters touring the plant this week.

「認めるのはきまりが悪いが、しかし、われわれが完全にコントロールできていない特定の箇所が複数ある」と、アキラ・オノは今週、フクイチ原発を視察した記者団に語った。

いま「(認めるのは)きまりが悪い」と試訳した〈embarrassing〉とは、「恥ずかしい」とか「困惑する」「困ってしまう」という意味合いの言葉である。小野所長がなぜ、そうした言い方をしたか——そう言わざるを得なかったかは言うまでもなかろう。

ロイター電はその理由をこう書いている。記事のリード部分にこうある。

フクイチ原発の所長は、放射能汚染水の問題を**アンダー・コントロール**するのに繰り返し努力しては失敗していることを、日本の首相が世界に対し、問題は解決していると言った八カ月後に、困惑しながら認めた。

The manager of the Fukushima nuclear power plant admits to embarrassment that repeated efforts have failed to bring **under control** the problem of radioactive water, eight months after Japan's prime minister told the world the matter was resolved.

「二〇二〇年東京オリンピック」の招致を目指して、安倍首相が前年、二〇一三年九月、ブエノスアイレスでのＩＯＣ総会で大見得を切った、あの発言が（いまや）事実ではないことを、小野所長は（ロイター通信を通じ）世界に対して率直に認めたのである。

フクイチでは史上空前の「アウト・オブ・コントロール」状態が続いているのだ。政府の事務方が書いたらしいあの演説テキストのように「アンダー・コントロール」されているわけでは、決してない。

ロイター電にもあるように、それは放射能汚染水対策でも、そうである。汚染水を海洋に放出する垂れ流し処分が始まり、日常化して行けば、太平洋に広大な「海のホットスポット」が広がり、海流に乗って北米西海岸を直撃することになるだろう。

「３・11」後、フクイチ発の放射性降下物が放射能プルーム（雲）となって沖合に流れ、海面に降下して海水を汚染し、津波ガレキを含む海水団塊（海洋プルーム）となって、海流とともに太平洋を東進しているらしいことは、すでに知られていることだが、フクイチから高濃度放射能汚染水の垂れ流し処分が大規模に開始されることになれば、同じような海洋プルームが波状的に北米西海岸に到達することもありうる。

それでは、こうした「海洋プルーム」とは実際にはどんなものなのか？

二〇一三年十月十八日、オーストラリアのローカル紙に、地元のヨットマン、イヴァン・マックファディン（Ivan Macfadyen）さんの航海体験記が掲載された。(注9) メルボルンから大阪、そしてサンフランシスコへ。メルボルン〜大阪間では、十年前のセーリングでは魚をいつも簡単に釣れたのに、その年三〜四月の、一カ月近い航海ではなんと、たったの二尾。大阪〜シスコ間では、三〇〇〇海里にわたって生きものを見ず、ガレキの海も突っ切ったそうだ。

航路の海は死んでいたのだ。「太平洋そのものが死んだようだった（as if the ocean itself was dead.）」。死の海域には、海の生きものの気配はほとんどなかった。一頭のクジラが苦しげに、海面をのたうっていた。頭に大きな腫瘍のようなものができたクジラだった。

マックファディンさんのヨットは、おそらくフクイチ発の「海洋プルーム」に遭遇したのだろう。

その「フクイチ海洋プルーム」の北米西海岸到達がピークを迎えるのは、二〇一五年の暮れ。(注10) このプルームは「3・11」後のフクイチ放射能降下物による海面表層の汚染水プルームだが、水深五〇メートルの汚染水団塊の北米到達は、翌年の二〇一六年になると見込まれている。(注11)

カナダCBC放送が二〇一五年一月六日に報じたところによると、(注12) 太平洋の海岸線では、一〇万羽以上のアメリカウミツバメの死体が打ち揚げられる異変が起きている。アメリカウミツバメは、鉱山の坑道のカナリア同様、有毒なものをいちはやく感知して危険を告げる「海のカナリア」と呼ばれる海鳥だ。

一方、米ＡＢＣ放送は同一月十二日、カリフォルニアの太平洋岸で、病気のアシカの漂着が急増していると伝えた。[注13] 海が時化たことでアシカが弱わったせいではないか、と報じられている。

フクイチ発の海洋プルームのせいでないことを祈るのみである。

二〇一四年九月の終わり、ワシントンから、米政府高官（原子力当局者）のこんな発言が報じられた。[注14] 米エネルギー省のダニエル・ポーンマン（Daniel Poneman）副長官が退任を前にした同月二十九日、ウッドロー・ウィルソン・センターでの最後の講演で、「フクシマ核惨事」の損

注9 『ニューキャッスル・ヘラルド』、「大海原は壊れた（*The Ocean is broken*）」

注10 米『クリスチャン・サイエンス・モニター』、「フクシマ被曝、米西海岸、二〇一五年末、ピークを迎える可能性（*Fukushima radiation: US West Coast will likely see peak by end of 2015*）」（二〇一四年十二月二十九日付）。
→ http://www.csmonitor.com/Environment/2014/1229/Fukushima-radiation-US-West-Coast-will-likely-see-peak-by-end-of-2015

注11 米マサチューセッツ大学ダートマス校による海洋拡散モデルを使った解析結果。
→ http://fvcom.smast.umassd.edu/research_projects/FVCOM_Tsunami/

注12 カナダＣＢＣ→ http://www.cbc.ca/news/canada/british-columbia/cassin-auklets-found-washed-up-near-tofino-1.2891409

注13 米ＡＢＣ→ http://abc7.com/pets/increase-in-sick-sea-lions-may-be-caused-by-storms-strong-surf/472796/

害規模は「異常（extraordinary）」で、日本はこんご数十年にわたって代償を支払い続けなければならないと指摘したあと、こう述べたという。

私見によれば、実存的な脅威（existential threats）となり得る問題が二つある。実存的脅威とは、われわれの惑星（地球）の存続に現実的に関係する脅威（threats that actually relate to existence of our planet）であるという意味だ。それはひとつに核（原子力）、もうひとつは気象である（one's nuclear and one's climate.）。

退任するとはいえ、米国の核権力の中心であるエネルギー省のナンバー2が、「原子力」を「気候変動」と並ぶ、地球の存続のかかった脅威であると言い切ったのである。

ポーンマンさんは二〇〇九年、エネルギー省の次官に任命され、副長官に昇格した人物。エネルギー省の中枢にいて、二〇一一年の「フクイチ核惨事」の展開を目の当たりにした人が、「原子力」を「地球の存続のかかった実存的脅威」と明言し、退任の言葉としたのである。

核の権力の中心から発せられたこの言葉の持つ意味を軽く考えてはいけない。

もはや、原子力の推進も反対もないのだ。保守も革新も、右も左もないのだ。立場や考え方の違いでもないのだ。原発（原子力）が全人類に共通する実存的脅威としてあることが「フクイチ」で確証されたからには、わたしたちが進むべき道はひとつである。原発（原子力）が、わたしたち人類の生存環境である地球を台無しにするものとわかったからには、とるべき道はひとつしかない。

さきほどわたしはフクイチの放射能汚染水の問題に関し「水地獄」という表現を用いたが、フクイチの現場を「地獄（hell）」とする海外有力メディアも実際のところ、すでに出ている。たとえば、CNNは「フクシマ・ダイイチの地獄（hell at Fukushima Daiichi）」との表現で、フクイチ現場へのロボット投入の動きを報じている。（注15）

フクイチは人間が近づけない、この世の地獄と化したとの認識である。

さて、本書「世界が見た福島原発災害」シリーズ、第四巻の「あとがき」の最後に、わたしが紹介するのは、世界的な理論物理学者、日系米国人のミチオ・カク教授による警告の言葉と、富岡町からの避難者、カズヒロ・ミチコさん夫妻の言葉だ。

注14　米ワシントンの政界紙、『ザ・ヒル（*The Hill*）』紙、「エネルギー省のポーンマン、原子力と気候は、鍵をにぎる二つの〝実存的脅威〟と発言（*DOE's Poneman: Nuclear, climate two key 'existential threats'*）」（二〇一四年九月二十九日付）。
→ http://thehill.com/policy/energy-environment/219187-does-poneman-nuclear-climate-two-key-existential-threats

注15　CNN、「特製ロボットでフクシマの漏洩個所を探査（*Custom-built robot to probe Fukushima leaks*）」（二〇一四年五月十六日付）
→ http://edition.cnn.com/2014/05/13/tech/innovation/fukushima-leak-robot/index.html?utm_source=feedburner&utm_medium=feed&utm_campaign=Feed%3A+rss%2Fcnn_tech+%28RSS%3A+Technology%29

カク教授は二〇一四年三月末、安倍政権下、原発再稼働に向かう日本の行く末を案じ、フクイチの現状を「われわれが信じ込まされている以上に、はるかに深刻な状況だ（The crisis is much more severe than we're led to believe.）」と指摘し、わたしたち日本人にこう選択を迫ったのだ。(注16)

> 日本はファウストの取引をしたのだ。ファウストとは無限の力を手にするのと引き換えに、悪魔に魂を売った伝説上の人物だ。〔悪魔に魂を売る〕それが、日本が戦争のあとに行なったファウストの取引だ。そして今、再びそれ〔再稼働〕が悪魔に魂を売り渡すに足るものなのか再分析すべきところに来ている。
>
> Japan made a Faustian bargain, Faust was a legendary figure who sold his soul to the devil for unlimited power. That's the Faustian bargain Japan made after the war. And now they're going to have to reanalyze whether it's worth it to sell your soul to the devil.

カク教授のいう「ファウストの取引」とは、もちろんゲーテの戯曲にもなった、ドイツのファウスト伝説に出て来る、悪魔・メフィストフェレスとの取引のことである。

フクイチという「地獄」の釜に蓋さえかけていないうちに、悪魔と再取引していいものなのかどうか――この実存的な選択への、わたしたちの答えはもはや明らかだろう。

日本政府が「再稼働」とともに進める住民の「帰還」問題で、AP通信は二〇一四年四月二十九日付で、「トミオカ（富岡）発」の「ビッグストーリー（特報）」を全世界に配信した。記事のなかで、APのユリ・カゲヤマ記者に対し、富岡町の家に防護服姿で一時帰宅しているカズヒロさん（六六歳）はこう語った。

「桜は何事もなかったように咲いている。でも桜は、人々がみんな去ってしまったので、泣いているんだ」

"They flower as though nothing has happened," he said. "They are weeping because all the people have left."

ミチコさんも言った。

注16 『ロシア・ツデー（RT）』（英語国際放送）、ミチオ・カク・インタビュー（二〇一四年三月二十九日付）ユーチューブ版（発言は開始十二分四十五秒後から） → https://www.youtube.com/watch?v=ckwGUai_Vvk

「安倍首相はアンダー・コントロールと言っているけど、いまにも爆発しそうな気がする。被曝の恐怖の中で生きていかなくちゃならない。この町は死んでいるのよ」

"The prime minister says the accident is under control, but we feel the thing could explode the next minute.……We would have to live in fear of radiation. This town is dead."

桜が見守る死の町の現実。沈黙の町を通り過ぎて行った「アンダー・コントロール」の、あの空虚な響き。

◇

これは本書の冒頭でも述べたように、二〇一一年の春以降、三年にわたる情況を、ときに事故当時にさかのぼりながら、日本ではあまり知られていない、海外、あるいはネットでの報道を発掘することで、「フクイチ核惨事」の同時代史を綴ったものである。

この間、わたしはある種の「ハラスメント被害」に遭うなど、この四巻目の執筆に取りかかれない状況に追い込まれたが、それは「フクイチ」と直接関係するものではないので、ここではふれない。

こうして執筆活動を再開できたのも、友人・知人らの救援・支援があったればこそ。ここに深甚なる感謝の意を表する。みなさんが、心をつないで「団体戦」を闘ってくれなければ、本書が日の目を見ることもなかったろう。

四巻目を書き終えたいま、心の底から願うのは、過去の行きがかりにとらわれず、一致団結、心を合わせて、フクイチ廃炉と被曝犠牲の最小化という大事業に邁進しなければならないということだ。

「フクイチ核惨事」を前にしては、敵も味方もないのである。対立を超え、国民として、民族として、フクイチを克服する大事業に立ち向かって行く。

わたしは二〇一四年の晩秋、静岡西部経由で岡山の山中に移住した。

築百八十年以上の古民家で、ふるさとの仙台を思い、本籍地の福島県を思い、この本を綴るなかで、原発問題とは結局のところ「いのち」全般の問題であるという、当たり前の真実に（何度も）気づかされた。

ここでいう「いのち」全般の問題とは、わたしたち個人の生死《しょうじ》の問題を含みつつ、それを超えた、もっと大きな「いのちの流れ」といった意味である。さらにはまた、人間という種を超えた、もっともっと大きな「いのちの流れ」の持続に関する問題でもある。

この世界に、この時代に、人間として生まれ落ち、生まれ合わせたわたしたちにとって、「いのち」全般の観点からみて、フクイチ原発事故とは何であるのか？　――そんなテーマにもいずれ取り組んでみたいと思う。

幸運にも借り受けることができた茅葺・トタン屋根の旧家の玄関先に立つと、右手に地元の人びとが「日の丸」と呼んでいる、小さな三角山が見える。名前の由来は、集落の古老もわからない。

机を置いた窓辺に、夕空からの光がまばゆい。

ここは縁あって導かれ、ようやくたどり着いた、わがいのちの「夕陽村舎」。

気力・体力を養いつつ、こんごも、この国の行く末を、人生の終わりの時が来るまで、わたしなりに見守り続けたいと思っている。

二〇一五年二月十四日　吉備高原で

大沼　安史

［著者略歴］

大沼安史（おおぬま・やすし）

1949年、仙台市生まれ。

東北大法学部卒。

北海道新聞に入社し、社会部記者、カイロ特派員、社会部デスク、論説委員を務めたあと、1995年に中途退社し、フリーのジャーナリストに。

2009年3月まで、東京医療保健大学特任教授。

著書は、本シリーズの前編である『世界が見た福島原発災害—海外メディアが報じる真実』『世界が見た福島原発災害２—死の灰の下で』『世界が見た福島原発災害３——いのち·女たち·連帯』（以上、緑風出版）のほか、『教育の強制はいらない』（一光社）『緑の日の丸』『ＮＯＮＯと頑爺のレモン革命』（以上、本の森）『希望としてのチャータースクール』『戦争の闇　情報の幻』（以上、本の泉社）など。

訳書は、『諜報ビジネス最前線』（エイモン・ジャヴァーズ著、緑風出版）『自由な学びとは—サドベリーの教育哲学』（ダニエル・グリーンバーグ著、同）『世界一　素敵な学校』（同、同）『自由な学びが見えてきた—サドベリーの教育哲学』（同、同）『イラク占領』（パトリック·コバーン著、同）、『戦争の家　ペンタゴン』（ジェームズ·キャロル著、上下２巻、同）『地域通貨ルネサンス』（トーマス・グレコ著、本の泉社）など。

岡山県在住。

個人ブログ「机の上の空」で「フクシマ」情報などの発信を続けている。　http://onuma.cocolog-nifty.com/blog1/

世界《せかい》が見《み》た福島原発災害《ふくしまげんぱつさいがい》4
——アウト・オブ・コントロール

2015年3月31日　初版第1刷発行　　定価2000円＋税

著　者　大沼安史©
発行者　高須次郎
発行所　緑風出版
〒113-0033　東京都文京区本郷2-17-5　ツイン壱岐坂
［電話］03-3812-9420　［FAX］03-3812-7262［郵便振替］00100-9-30776
［E-mail］info@ryokufu.com［URL］http://www.ryokufu.com/
装　幀　斎藤あかね
制　作　R企画　　印　刷　中央精版印刷・巣鴨美術印刷
製　本　中央精版印刷　　用　紙　大宝紙業・中央精版印刷　　E1200

ISBN978-4-8461-1503-6　C0036

世界一素敵な学校
サドベリー・バレー物語

ダニエル・グリーンバーグ著／大沼安史訳

四六版上製
三一六頁
2000円

カリキュラムも、点数も、卒業証書もない世界一自由な学校と言われる米国のサドベリー・バレー校。人が本来持っている好奇心や自由を追い求める姿勢を育むことこそが教育であるとの理念を貫くまさに、21世紀のための学校。

自由な学びが見えてきた
サドベリー・レクチャーズ

ダニエル・グリーンバーグ著／大沼安史訳

四六版上製
二三二頁
1800円

本書は、自由教育で世界に知られるサドベリー・バレー校を描いた『世界一素敵な学校』の続編で、創立三十周年のグリーンバーグ氏の連続講話。基本理念を再検討し、「デモクラシー教育」の本質、ポスト産業社会の教育を語る。

イラク占領
戦争と抵抗

パトリック・コバーン著／大沼安史訳

四六判上製
三七六頁
2800円

イラクに米軍が侵攻して四年が経つ。しかし、イラクの現状は真に内戦状態にあり、人々は常に命の危険にさらされている。本書は、開戦前からイラクを見続けてきた国際的に著名なジャーナリストの現地レポートの集大成。

どんぐりの森から
原発のない世界を求めて

武藤類子著

四六判上製
二一二頁
1700円

3・11以後、福島で被曝しながら生きる人たちの一人である著者。彼女のあくまでも穏やかに紡いでゆく言葉は、多くの感動と反響を呼び起こしている。現在の困難に立ち向かっている多くの人の励ましとなれば幸いである。

チェルノブイリと福島

河田昌東著

四六判上製
一六四頁
1600円

チェルノブイリ事故と福島原発災害を比較し、土壌汚染や農作物、飼料、魚介類等の放射能汚染と外部・内部被曝の影響を考える。また放射能汚染下で生きる為の、汚染除去や被曝低減対策など暮らしの中の被曝対策を提言。

がれき処理・除染はこれでよいのか

熊本一規著

四六判並製
二〇〇頁
1900円

ＩＡＥＡの基準に照らしても八〇倍も甘く基準緩和し、放射性廃棄物として厳格に保管、隔離すべきものを全国にばらまく広域処理は、論外だ。そして、除染作業も放射能は減少することなく、利権に利用されている。問題点を検証。

脱原発の市民戦略

上岡直見、岡將男著

四六判上製
二七六頁
2400円

脱原発実現には、原発の危険性を訴えると同時に、原発は電力政策やエネルギー政策の面からも不要という数量的な根拠と、経済的にもむだということを明らかにすることが大切。具体的かつ説得力のある市民戦略を提案。

放射性廃棄物

原子力の悪夢

ロール・ヌアラ著／及川美枝訳

四六判上製
二三二頁
2300円

過去に放射能に汚染された地域が何千年もの間、汚染されたままであること、使用済み核燃料の「再処理」は事実上存在しないこと、原子力産業は放射能汚染を「浄化」できないのにそれを隠していることを、知っているだろうか？

終りのない惨劇

チェルノブイリの教訓から

ミシェル・フェルネクス／ソランジュ・フェルネクス／ロザリー・バーテル著／竹内雅文訳

四六判上製
二一六頁
2200円

チェルノブイリ原発事故による死者は、すでに数十万人だが、公式の死者数を急性被曝などの数十人しか認めない。ＩＡＥＡやＷＨＯがどのようにして死者数や健康被害を隠蔽しているのかを明らかにし、被害の実像に迫る。

原発は地球にやさしいか

温暖化防止に役立つというウソ

西尾漠著

Ａ5判並製
一五二頁
1600円

原発は温暖化防止に役立つとか、地球に優しいエネルギーなどと宣伝されている。CO_2発生量は少ないというのが根拠だが、はたしてどうなのか？　これらの疑問に答え、原発が温暖化防止に役立つというウソを明らかにする。